논리회로실험

이순흠·최관순 공저

도서출판 상 학 당

欲爲大者 當爲人役

크고자 하거든 남을 섬기라

머 리 말

이 책은 대학의 전기 · 전자 · 통신공학과 및 전산학과의 1 · 2학년 학생을 대상으로 한 학기용(약 15주/ 주당 2시간) 논리회로실험 책이다. 보통 논리회로실험은 이론과목과 병행되어 수행되므로, 이 책에서는 논리회로 이론 책과는 달리, 선택된 실험 수행에 필요한 정도의 이론을 설명한 후 실험과제를 제시한다. 각 장에는 간단한 예습문제를 두어 실험 전에 숙지해야 할 기본사항을 체크할 수 있게 하였다. 실험회로는 실험목적을 달성할 수 있으되, 되도록 간략한 것을 선택하여 학생들이 회로결선에 드는 시간을 최소화하였다.

저자의 경우, 교과목 편성상, 논리회로실험을 접하는 학생들이 기초 전기회로에 대한 사전 지식이 없는 경우가 있어 본격적인 논리회로실험 전에 실험장비(ED-LOGIC LAB) 구조 및 사용법을 설명하면서 실험에 관련된 기초 전기회로 소자 및 전기회로 이론을 설명하는 목적으로 0장을 활용하였다. 0장은 모두 주관식 문제로 주어지고, 학생들이 실험 전에 풀어와서 발표와 실험을 병행하는 방식으로 진행하였으며, 교수와 학생과의 토론식 수업 진행이 가능하다. 또한 저자의 경우 0장은 학기 초 이론수업 진행의 부족으로 인한 실험수업과의 진도 불일치 문제를 해결하는 완충역할을 하였다. 2명으로 구성된 7조를 대상으로 수업하는 경우, 0장은 3주에서 4주 정도 걸리는 경우도 있었다.

이 책에 주어진 연습문제 및 실험과제에 대한 정답은 강의자를 위해 별도로 준비되어 제공되며, 실험에 필요한 실험소자에 대한 데이터 시트도 학생들이 스스로 찾아 학습하도록 하기 위해 이 책에 수록하지 않았으며, 강의자용으로 별도로 준비되어 있다. 그리고 평균적인 학생이 1장에서 15장까지의 각 장의 실험에 소요된 시간 정보를 참고로 제공하며, 0장과 더불어 한 학기 실험 일정을 조절하는 데 효과적으로 활용할 수 있을 것이다.

이 책을 출간함에 있어 부족한 점이 많으리라 생각하며 독자 여러분의 기탄없는 충고를 바란다. 아울러, 책의 출간에 도움을 주신 분들께 감사하며, 특히 대학원생인 김원겸 학생의 도움에 감사한다.

저 자 씀

차 례

제0장

ED-LOGIC LAB 학습

01 다음 그림은 ED-1000B LOGIC LAB UNIT의 Bread Board 중 일부를 보인 것이다. 저항측정기를 사용하여 내부 연결 상태를 조사한 후, Bread Board의 내부 연결 상태를 그려 넣으시오.

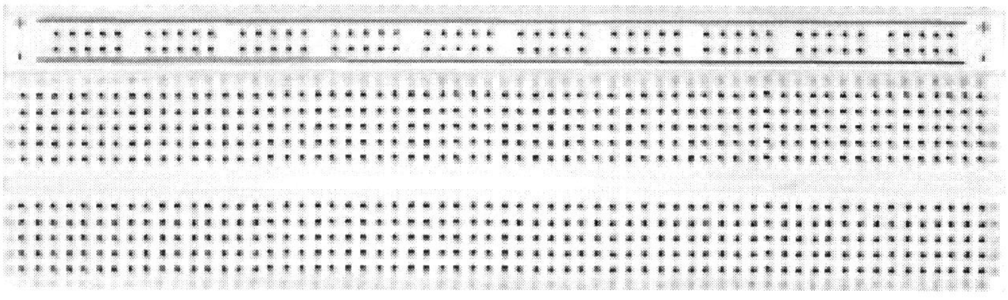

02 (브레드 보드의 올바른 사용법 익히기)

주어진 저항을 5V 전원과 연결하여 폐루프 구성하는 회로를 아래에 그려 넣으시오. 똑같은 회로를 실제로 구성한 후 전원 스위치를 넣고 직류전류계의 움직임을 관찰하시오.

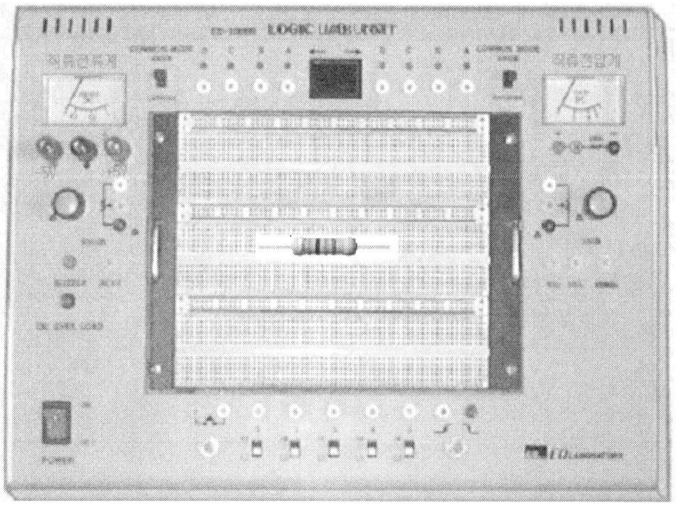

03 저항표면에 표시된 색띠들을 식별하는 데 사용되는 표를 다음에 보였다.

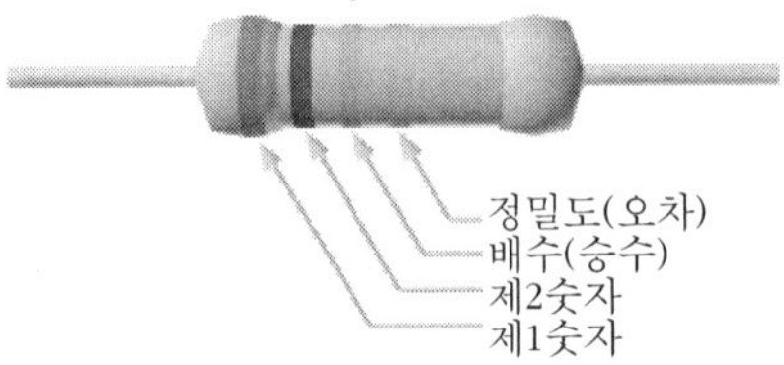

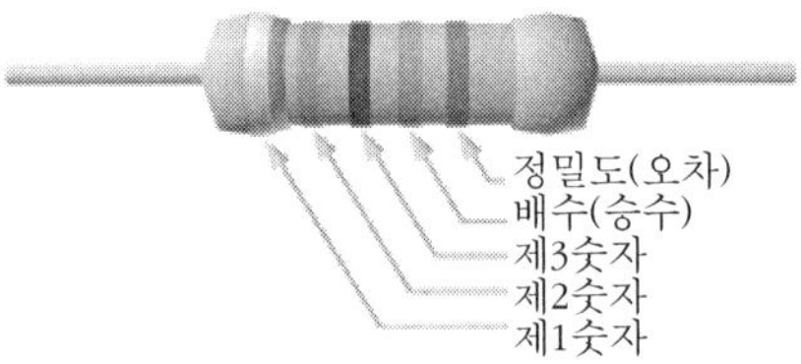

번호	색	저항값				허용오차
		제 1 색띠	제 2 색띠	제 3 색띠	승수	제 4 색띠
0	흑색	0	0	0	10^0	-
1	갈색	1	1	1	10^1	±1%
2	적색	2	2	2	10^2	± 2%
3	주황색	3	3	3	10^3	-
4	노랑색	4	4	4	10^4	-
5	초록색	5	5	5	10^5	± 0.5%
6	파랑색	6	6	6	10^6	-
7	보라색	7	7	7	10^7	-
8	회색	8	8	8	10^8	-
9	백색	9	9	9	10^9	-
	금색	-	-	-	10^{-1}	± 5%
	은색	-	-	-	10^{-2}	± 10%

다음에 보인 두 저항 각각의 저항값은?

갈색, 흑색, 주황색, 금색

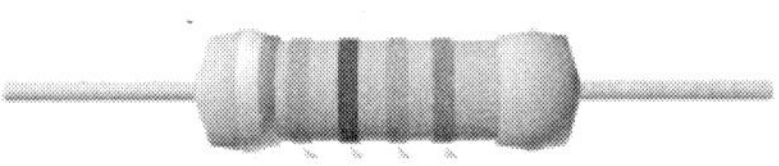

황색, 보라색, 흑색, 적색, 갈색

04 ED-1000B LOGIC LAB UNIT의 전류계는 어떤 전류를 측정하기 위한 것인가?

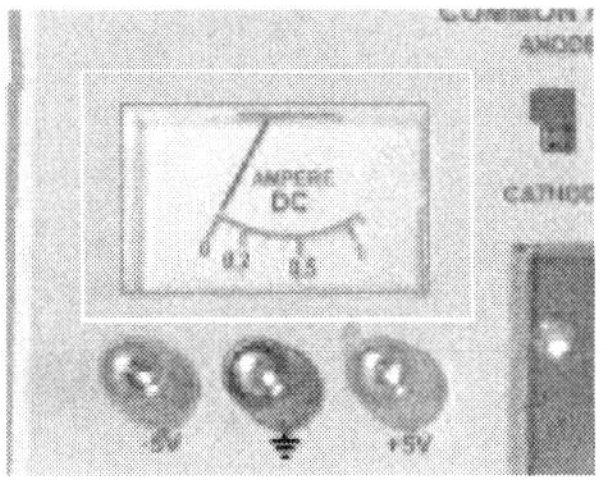

05 전류, 전압, 저항 각각의 단위를 쓰시오.

06 옴의 법칙은 무엇인가?

07 ED-1000B LOGIC LAB UNIT에 다음 그림과 같이 10Ω의 저항을 전원에 연결한 후, 장비의 전원을 ON하면 전류계의 바늘이 가르키는 값을 얼마인가? 전류계에 의해 측정된 값과 6번 문제의 옴의 법칙을 사용하여 계산되는 이론값을 비교하시오.

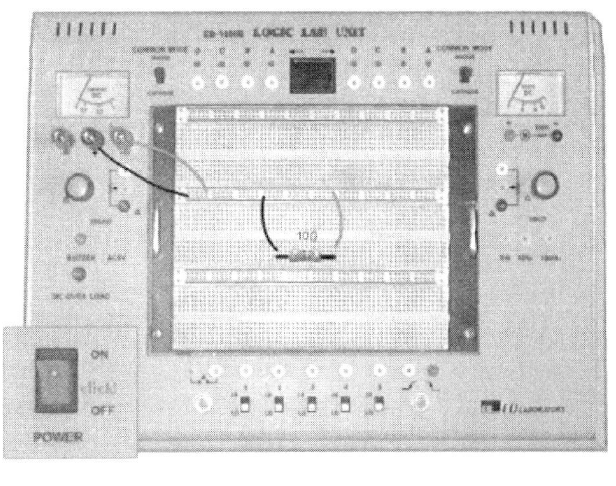

08 7번 문제에서 사용된 회로는 직류전류계를 제외하면 직류전원과 저항 심볼을 사용하여 다음과 같이 그릴 수 있다. 전류계는 어디에 위치해야 하는가? 주어진 전류계 심볼을 사용하여 다음에 주어진 그림 (a)에 그려 넣으시오.

다음 그림 (b)와 같은 회로를 구성한다. 저항 R_1, R_2, R_3는 각각 적당한 저항을 사용한다. R_2와 R_3에 흐르는 전류를 전류계로 측정한다. 측정된 전류값과 이론적 계산에 의해 구한 값을 비교하시오.

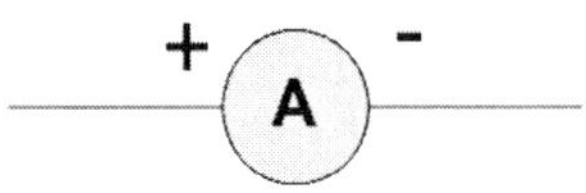

전류계 심볼

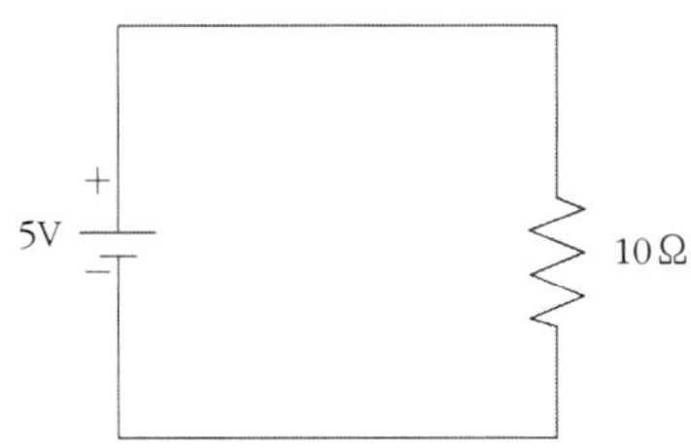

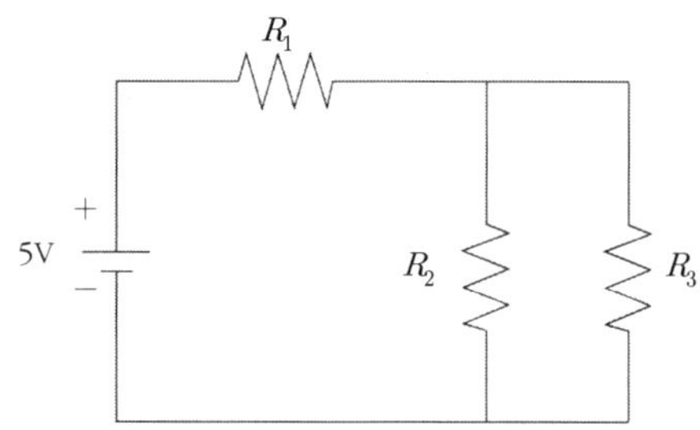

09 전류계의 내부 저항값은 작을수록 좋다. 그 이유는 무엇인가? 이상적인 전류계의 내부 저항값은 얼마로 보는가?

10 다음 회로의 저항 각각에 걸리는 전압을 전압계를 가지고 측정하려고 한다. 주어진 전압계 심볼을 사용하여 전압 측정시 연결방식을 보이시오. 또한 4[Ω]의 저항과 6[Ω]의 저항 각각에 걸리는 전압을 계산에 의해 구하시오.

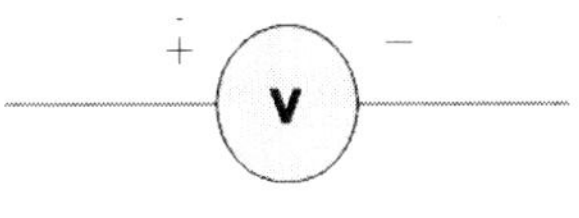

전압계 심볼

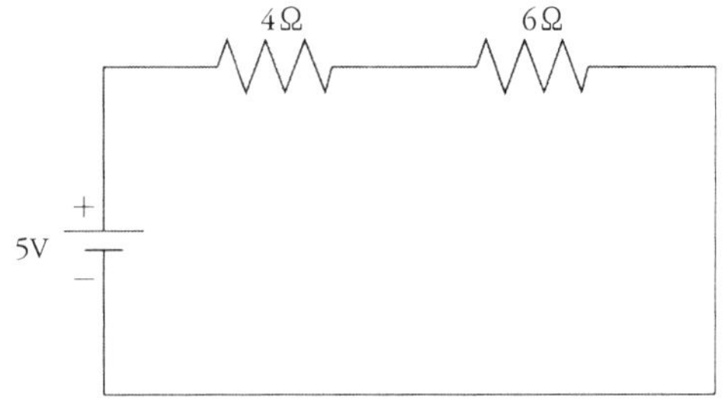

11 10번 문제와 같은 회로를 LOGIC LAB UNIT에 구성한다. 단, 두 개의 저항은 임의의 값을 사용한다. 먼저, 두 개의 저항 각각에 걸리는 전압을 직류 전압계로 측정한다. 다음으로, 두 개의 저항 각각에 걸리는 전압을 이론적인 계산에 의해 구한다. 측정치와 이론치를 비교한다.

12 두 개의 저항으로 구성된 병렬저항 양단에 전원을 가한 회로를 구성하고자 한다. 다음의 그림과 같이 LOGIC LAB UNIT에 회로를 구성한 후, 전원을 넣으면 경고음 소리가 울린다(**경고음을 듣는 즉시 장비의 전원을 끈다!!!**). 회로구성이 원래의 목적을 달성하지 못하였다.

회로를 점검하여 경고음이 울린 이유를 찾으시오.

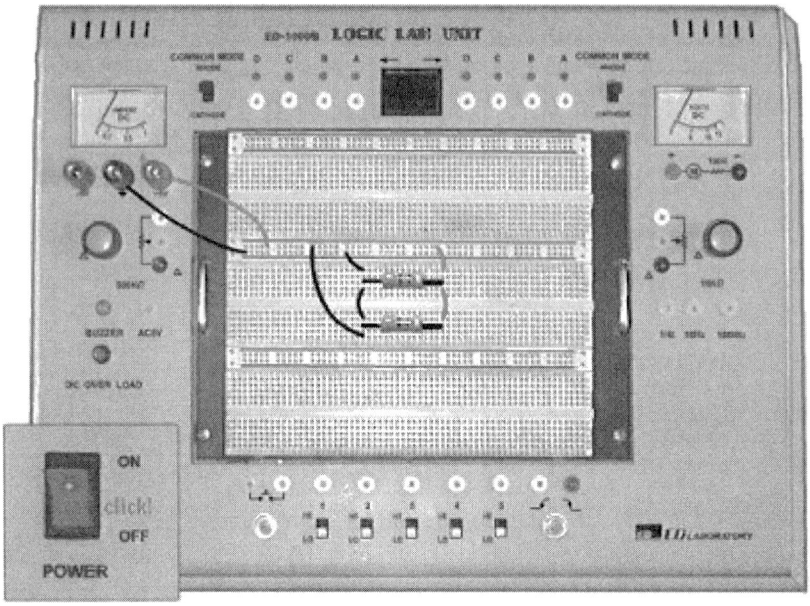

13 다음에 LOGIC LAB의 가변저항 부분을 보였다. 가변저항의 등가회로를 그리시오.

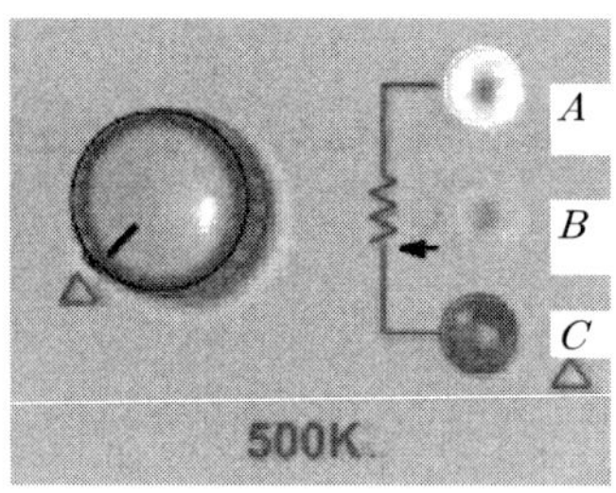

14 13번 문제의 그림의 500K는 이 가변저항의 최대 저항값이다. 어느 단자 사이의 저항값인가?

15 가변저항을 사용하려면 어떤 계측기가 필요한가? 13번 문제의 그림의 단자 A와 B 사이의 저항값이 200[KΩ]이 되도록 설정하시오.

16 다음 그림과 같이 2개의 저항이 직렬로 연결된 경우, 총 저항값은 얼마인가? 실제로 임의의 저항 두 개를 선택하여 직렬로 연결한 후, 측정하여 이론치와 비교하시오.

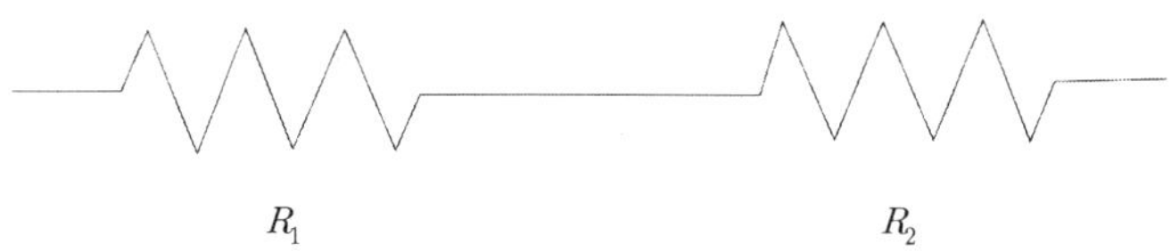

17 다음 그림 (a)와 같이 2개의 저항이 병렬로 연결된 경우, 총 저항값은 얼마인가? 실제로 임의의 저항 두 개를 선택하여 병렬로 연결한 후, 측정하여 이론치와 비교하시오.

그림 (b)와 같이 저항 R_3을 추가로 병렬로 연결한 경우 저항값을 측정해서 그림 (a)의 저항값을 비교해 본다. 어느 쪽이 큰가?

집안의 콘센트에 전기기구를 많이 꽂으면 화재의 위험이 있다고 한다. 그 이유는?

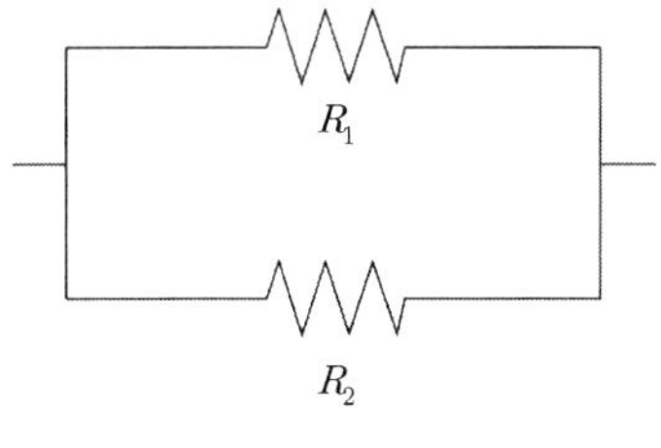

(a)

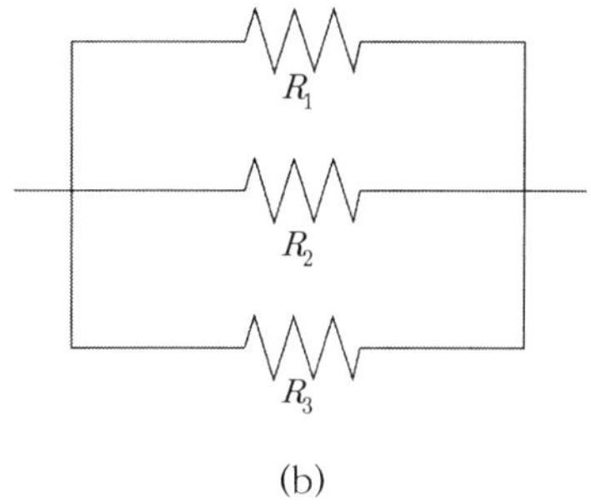

(b)

18 LED의 fullname을 적으시오.

19 다음에 LED, 저항, 직류전원이 있다. LED가 켜지도록 회로를 결선하시오.

A : Anode, C : Cathode

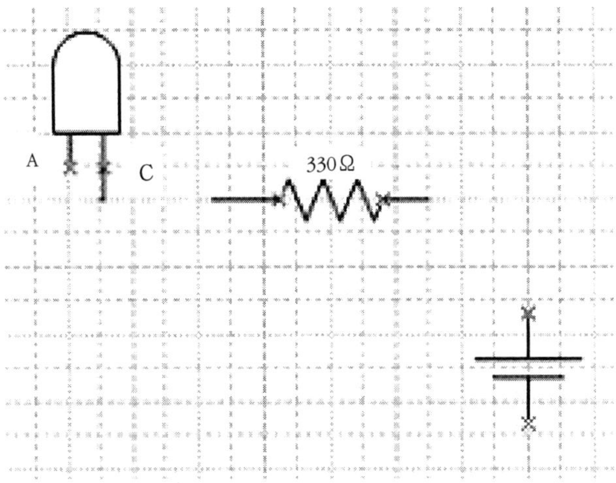

20 19번 문제에서 저항의 역할은 무엇인가? (이상적인 다이오드 모델을 이용하여 설명하시오.)

21 LED의 심볼을 그리고, 두 단자의 이름을 쓰시오.

22 다음에 LOGIC LAB의 4개의 LED 출력부를 보였다.

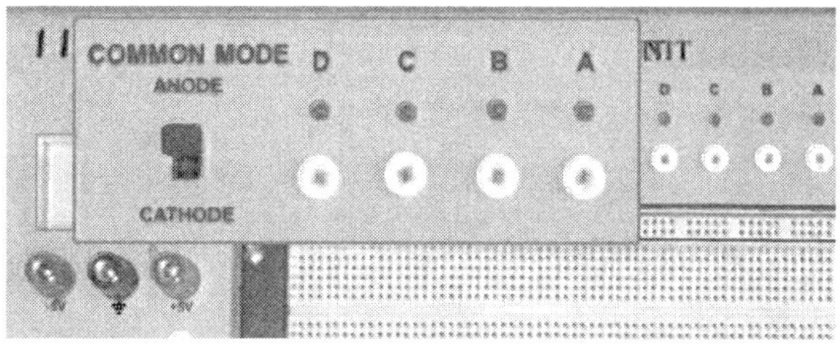

COMMON MODE를 결정하는 스위치가 COMMON ANODE로 선택되어 있다. 이때의 내부 결선도는 다음과 같다.

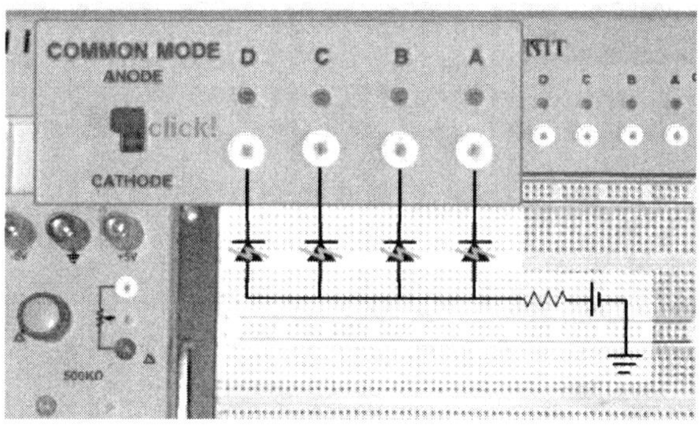

다음 그림과 같이 입력단자 각각에 특정 전압값이 가해졌을 때의 LED D, C, B, A의 ON/OFF 상태를 표시하시오.

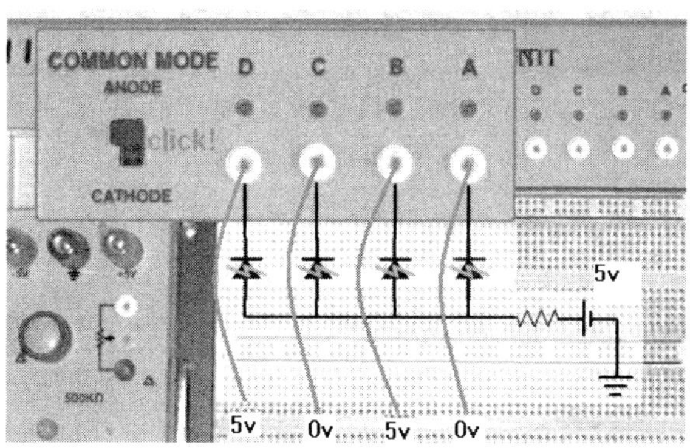

23 COMMON MODE를 결정하는 스위치가 COMMON CATHODE로 선택되어 있다. 이때의 내부 결선도를 다음 그림에 그려 넣으시오(문제 22를 참조하시오).

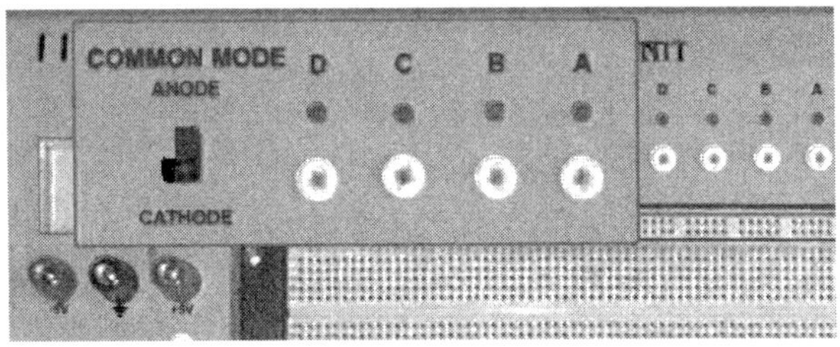

24 7408 IC chip을 다음의 브레드 보드에 올바르게 위치시키는 그림을 그려 넣으시오

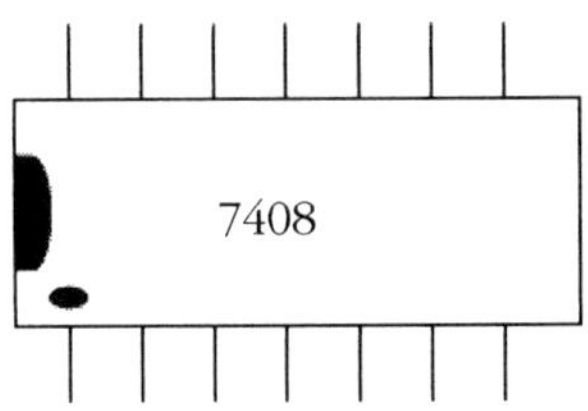

25 다음에 주어진 IC chip에 핀 번호를 써 넣으시오. VCC 핀과 GND 핀은 각각 몇 번 핀인가?

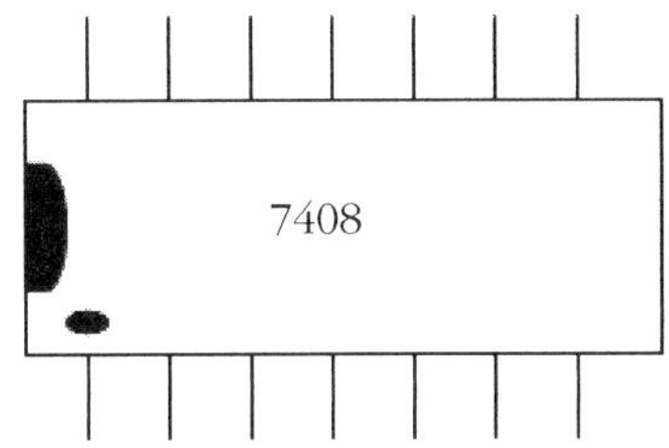

26 TTL IC 7408의 내부 블록도를 그리시오.

제1장

기본 논리 게이트

1-1 AND 게이트

1-2 OR 게이트

1-3 NOT 게이트

1-1 AND 게이트

AND 게이트는 모든 입력에 '1'이 인가될 때만 출력이 '1'이 되는 논리연산을 수행하는 논리소자이다. [그림 1.1]은 2-입력 AND 게이트의 심볼이며, 출력(Z)은 $Z = A \cdot B$의 논리함수로 표현된다. 〈표 1.1〉에 2-입력 AND 게이트의 가능한 모든 입력에 대응되는 출력값을 보인 진리표를 나타내었다.

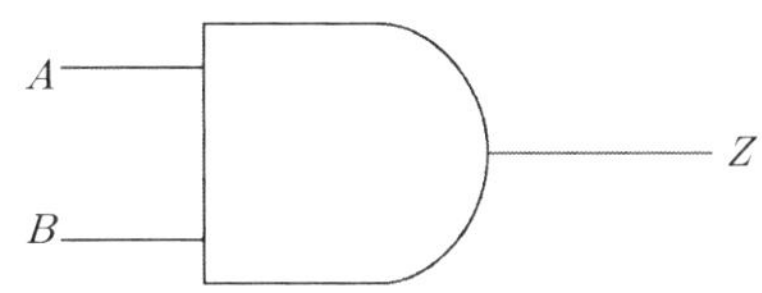

[그림 1.1] 2-입력 AND 게이트의 심볼

〈표 1.1〉 2-입력 AND 게이트의 진리표

A	B	Z
0	0	0
0	1	0
1	0	0
1	1	1

예습문제

(1) TTL IC 7408에는 몇 개의 2-입력 AND 게이트가 들어 있는가?

(2) TTL IC 7408의 Vcc 핀 번호와 GND 핀 번호를 쓰시오.

〈실습자 준비물〉

(1) 데이터 시트: 7408 AND 게이트

〈실 험〉

(1) 다음 [그림1.2]와 같이 회로를 구성하시오.

- 스위치 SW1과 SW2에 〈표 1.2〉에 주어진 논리값이 인가되었을 때의 출력 논리값을 적어 넣으시오.

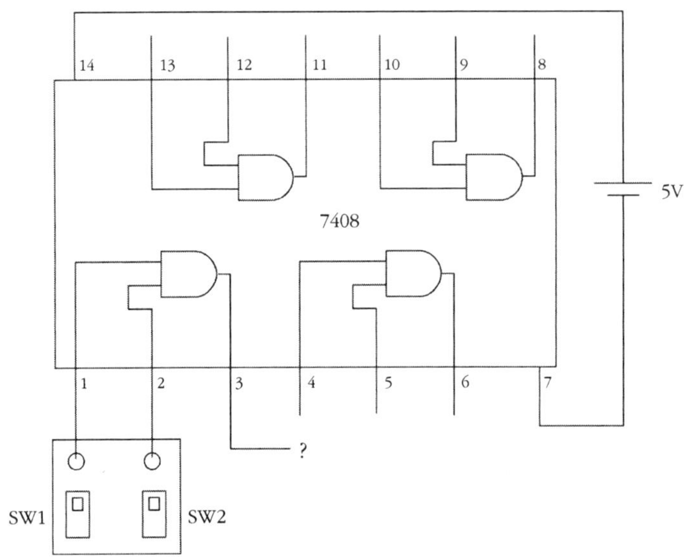

[그림 1.2] 7408 2-입력 AND 게이트 IC칩

〈표 1.2〉 [그림 1.2]의 진리표

SW1	SW2	3번 핀 논리값
0	0	
0	1	
1	0	
1	1	

(2) 다음 [그림 1.3]과 같이 회로를 구성하시오. (함수발생기가 없을 경우, 스위치를 사용하여 ON/OFF를 반복적으로 수행한다.)

- 스위치 SW에 〈표 1.3〉에 주어진 논리값이 인가되었을 때의 출력 파형을 그려 넣으시오.

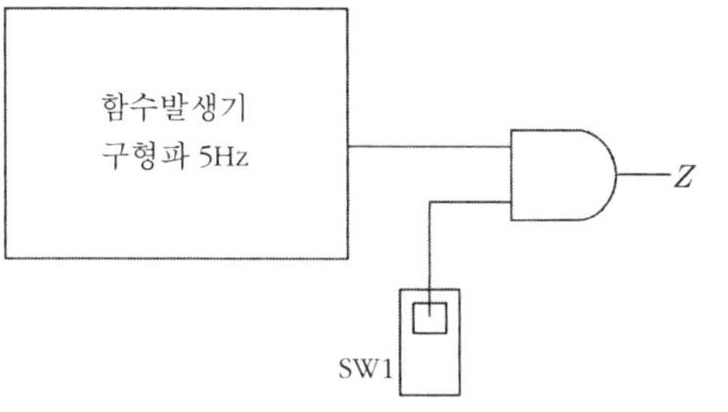

[그림 1.3] 함수발생기와 스위치를 AND 게이트로 연결

〈표 1.3〉 [그림 1.3]의 출력파형

함수발생기 5Hz	SW1	Z에서 파형
	0	
	1	

1-2 OR 게이트

OR 게이트는 입력들 중의 어느 한 입력에 '1'이 인가되면 출력이 '1'이 되는 논리 연산을 수행하는 논리소자이다. [그림 1.4]는 2-입력 OR 게이트의 심볼이며, 출력 (Z)은 $Z = A + B$의 논리함수로 표현된다. 〈표 1.4〉에 2-입력 OR 게이트의 가능한 모든 입력에 대응되는 출력값을 보인 진리표를 나타내었다.

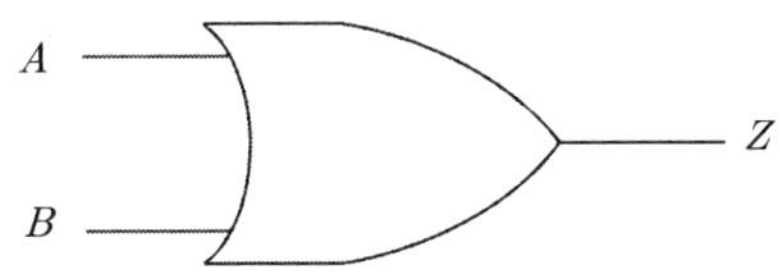

[그림 1.4] 2-입력 OR 게이트의 심볼

〈표 1.4〉 2-입력 OR 게이트의 진리표

A	B	Z
0	0	0
0	1	1
1	0	1
1	1	1

예습문제

(1) TTL IC 7432에는 몇 개의 2-입력 OR 게이트가 들어 있는가?

(2) TTL IC 7432의 Vcc 핀 번호와 GND 핀 번호를 쓰시오.

〈실습자 준비물〉

(1) 데이터 시트 : 7432 OR 게이트

〈실 험〉

(1) 아래 [그림 1.5]와 같이 회로를 구성하시오.

- 스위치 SW1과 SW2에 〈표 1.5〉에 주어진 논리값이 인가되었을 때의 출력 논리값을 적어 넣으시오.

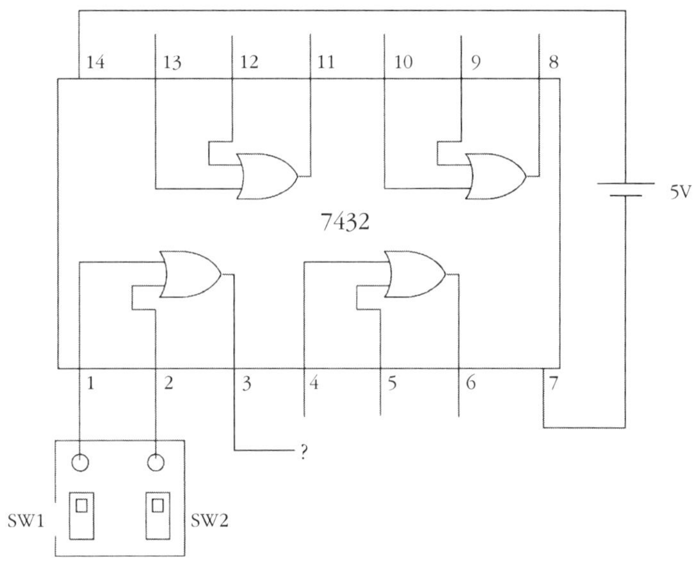

[그림 1.5] 7432 2-입력 OR 게이트 IC 칩

〈표 1.5〉 [그림 1.5]의 진리표

SW1	SW2	3번 핀 논리값
0	0	
0	1	
1	0	
1	1	

(2) 다음 [그림 1.6]과 같이 회로를 구성하시오.

- 스위치 SW에 〈표 1.6〉에 주어진 논리값이 인가되었을 때의 출력 파형을 그려 넣으시오.

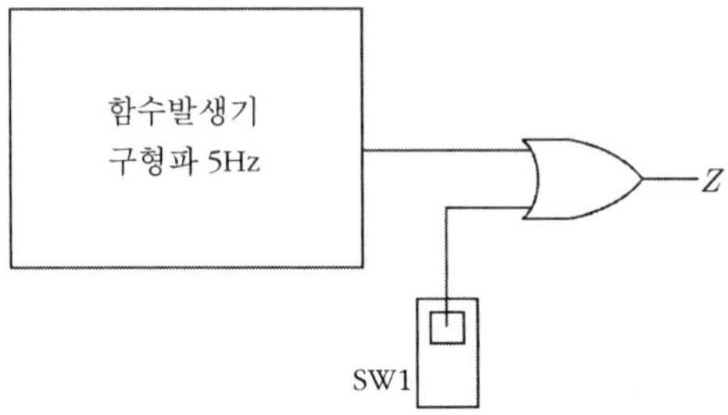

[그림 1.6] 함수발생기와 스위치를 OR 게이트로 연결

〈표 1.6〉 [그림 1.6]의 출력파형

함수발생기 5Hz	SW1	Z에서 파형
	0	
	1	

1-3 NOT 게이트

NOT 게이트는 1-입력 소자로 입력에 인가되는 논리값의 역을 출력하는 논리소자이다. [그림 1.7]은 NOT 게이트의 심볼이며, 출력(Z)은 $Z=\overline{A}$의 논리함수로 표현된다. 〈표 1.7〉에 NOT 게이트의 진리표를 보였다.

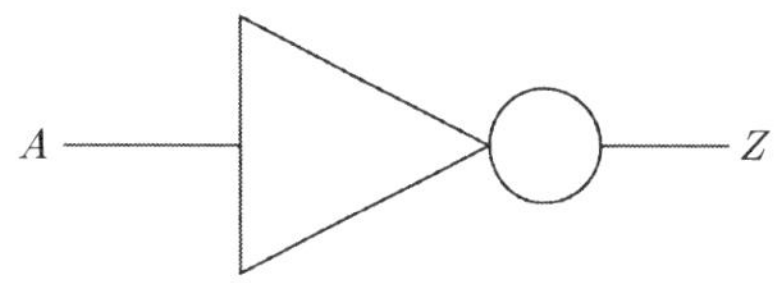

[그림 1.7] NOT 게이트의 심볼

〈표 1.7〉 NOT 게이트의 진리표

A	Z
0	1
1	0

예습문제

(1) TTL IC 7404에는 몇 개의 NOT 게이트가 들어 있는가?

(2) TTL IC 7404의 Vcc 핀 번호와 GND 핀 번호를 쓰시오.

(3) NOT 게이트의 입력의 갯수는?

〈실습자 준비물〉

(1) 데이터 시트: 7404 NOT 게이트, 7408 AND 게이트, 7432 OR 게이트

〈실 험〉

(1) 다음 [그림 1.8]과 같이 회로를 구성하시오.

- 스위치 SW1에 〈표 1.8〉에 주어진 논리값이 인가되었을 때의 출력 논리값을 적어 넣으시오.

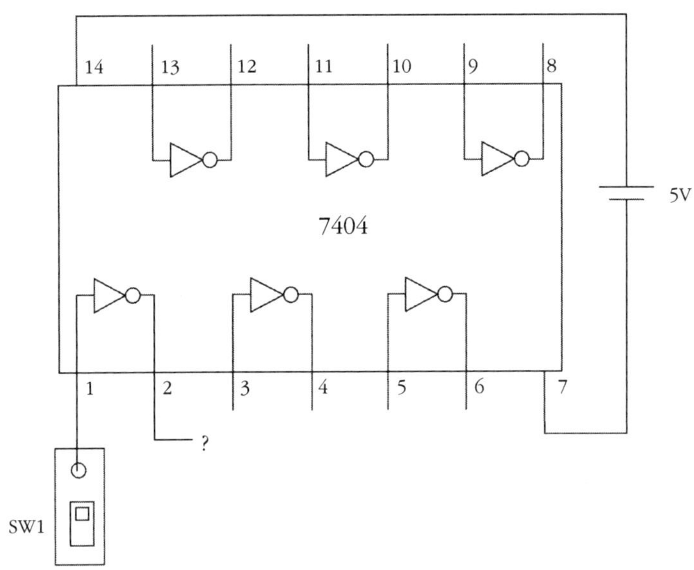

[그림 1.8] 7404 NOT 게이트 IC칩

〈표 1.8〉 [그림 1.7]의 진리표

A	2번 핀의 논리값
0	
1	

(2) 다음 [그림 1.9]와 같이 회로를 구성하시오.

- 스위치 SW1, SW2, X에 〈표 1.9〉에 주어진 논리값이 인가되었을 때 출력 논리값을 적어 넣으시오. 입력 X를 제어 입력이라고 한다면 입력 X의 역할은 무엇인가?

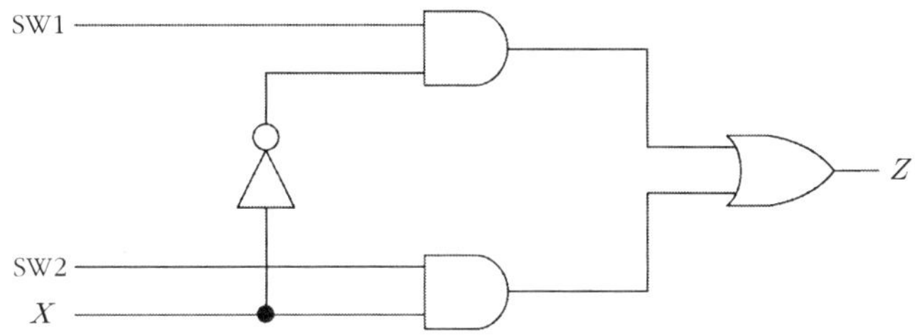

[그림 1.9] 입력 X의 제어단자 역할

〈표 1.9〉 [그림 1.9]의 진리표

X	SW1	SW2	Z
0	0	0	
0	0	1	
0	1	0	
0	1	1	
1	0	0	
1	0	1	
1	1	0	
1	1	1	

제2장

NAND 게이트, NOR 게이트

2-1 NAND 게이트

2-2 NOR 게이트

2-1 NAND 게이트

NAND 게이트는 AND 게이트 출력에 NOT 게이트를 연결한 회로와 같은 동작을 한다. 모든 입력에 '1'이 인가될 때만 출력이 '0'이 되는 논리연산을 수행하는 논리소자이다. [그림 2.1]은 2-입력 NAND 게이트의 심볼이며, 출력(Z)은 $Z=\overline{A \cdot B}$의 논리함수로 표현된다. 〈표 2.1〉에 2-입력 NAND 게이트의 가능한 모든 입력에 대응되는 출력값을 보인 진리표를 나타내었다.

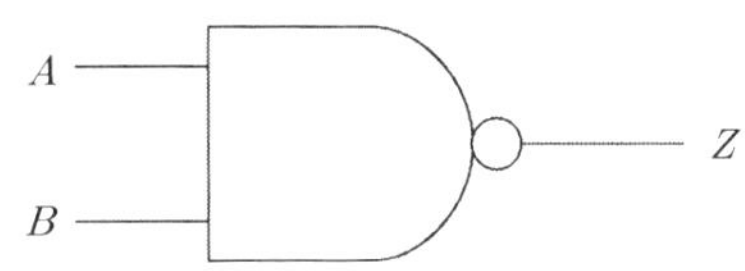

[그림 2.1] 2-입력 NAND 게이트의 심볼

〈표 2.1〉 2-입력 NAND 게이트의 진리표

A	B	Z
0	0	1
0	1	1
1	0	1
1	1	0

예습문제

(1) TTL IC 7400에는 몇 개의 2-입력 NAND 게이트가 들어 있는가?

(2) TTL IC 7400의 Vcc 핀 번호와 GND 핀 번호를 쓰시오.

〈실습자 준비물〉

(1) 데이터 시트: 7400 NAND 게이트

〈실 험〉

(1) 다음 [그림 2.2]와 같이 회로를 구성하시오.

- 스위치 SW1과 SW2에 〈표 1.2〉에 주어진 논리값이 인가되었을 때의 출력 논리값을 적어 넣으시오.

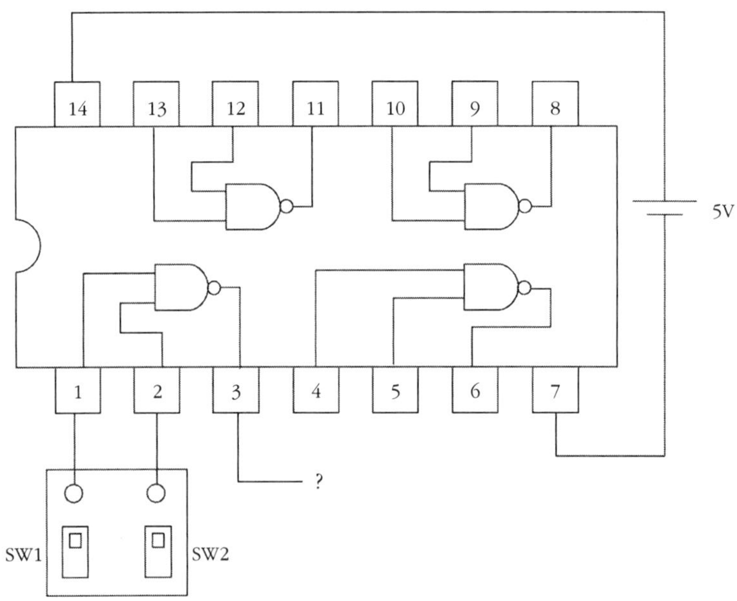

[그림 2.2] 7400 2-입력 NAND

〈표 2.2〉 2-입력 NAND 게이트의 진리표

SW1	SW2	3번 핀 논리값
0	0	
0	1	
1	0	
1	1	

(2) 다음 [그림 2.3]과 같이 회로를 구성하시오.

- 스위치 SW1에 〈표 2.3〉에 주어진 논리값이 인가되었을 때의 출력 파형을 그려 넣으시오.

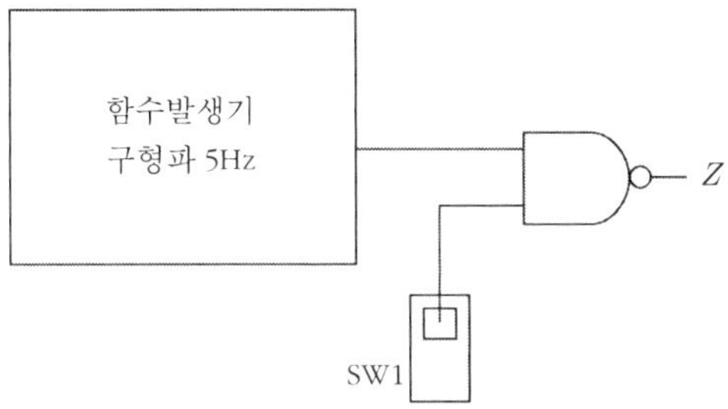

[그림 2.3] 함수발생기와 스위치를 NAND 게이트로 연결

〈표 2.3〉 [그림 2.3]의 출력파형

함수발생기 5Hz	SW1	Z에서 파형
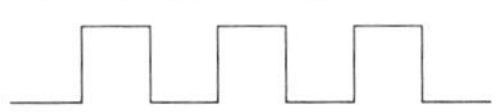	0	
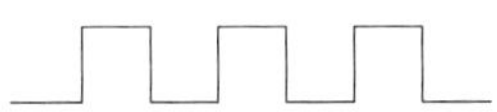	1	

(3) 〔**응용문제**〕 다음 [그림 2.4], [그림 2.5] 회로의 출력이 결정되는 논리는 각각 〈표 2.4〉와 〈표 2.5〉의 어느 부분에 해당되는가? 그 부분에 동그라미를 치시오.

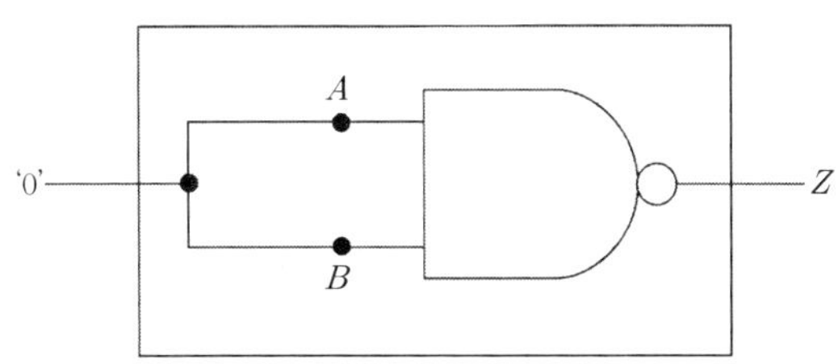

[그림 2.4] 2-입력 NAND의 입력을 '0'으로 연결

〈표 2.4〉 2-입력 NAND 게이트의 진리표

A	B	$Z=\overline{A \cdot B}$
0	0	1
0	1	1
1	0	1
1	1	0

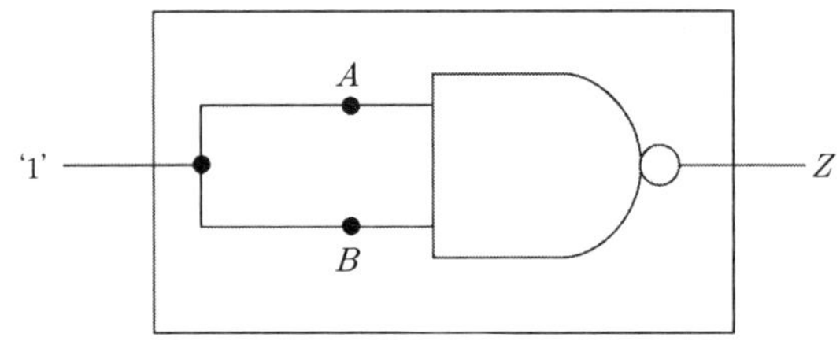

[그림 2.5] 2-입력 NAND의 입력을 '1'로 연결

〈표 2.5〉 2-입력 NAND 게이트의 진리표

A	B	$Z=\overline{A \cdot B}$
0	0	1
0	1	1
1	0	1
1	1	0

- 다음 [그림 2.6]에 NAND를 대치할 수 있는 논리 심볼을 그려 넣고 [그림 2.6]의 진리표를 〈표 2.6〉에 적어 넣으시오.

[그림 2-6] 2-입력 NAND의 입력을 한 개의 입력으로 묶었을 때의 대치 심볼

〈표 2.6〉 2-입력 NAND 의 입력을 한 개의 입력으로 묶었을 때의 진리표

X	Z

2-2 NOR 게이트

NOR 게이트는 OR 게이트 출력에 NOT 게이트를 연결한 회로와 같은 동작을 한다. 입력 중의 어느 한 입력에 '1'이 인가되면 출력이 '0'이 되는 논리연산을 수행하는 논리소자이다. [그림 2.7]은 2-입력 NOR 게이트의 심볼이며, 출력(Z)은 $Z = \overline{A+B}$의 논리함수로 표현된다. 〈표 2.7〉에 2-입력 NOR 게이트의 가능한 모든 입력에 대응되는 출력값을 보인 진리표를 나타내었다.

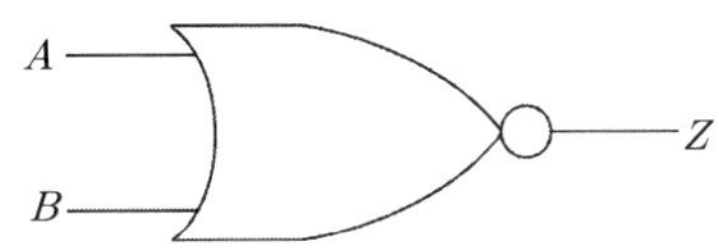

[그림 2.7] 2-입력 NOR 게이트의 심볼

〈표 2.7〉 2-입력 NOR 게이트의 진리표

A	B	Z
0	0	1
0	1	0
1	0	0
1	1	0

예습문제

(1) TTL IC 7402에는 몇 개의 2-입력 OR 게이트가 들어 있는가?

(2) TTL IC 7402의 Vcc 핀 번호와 GND 핀 번호를 쓰시오.

〈실습자 준비물〉

(1) 데이터 시트: 7402 NOR 게이트

〈실 험〉

(1) 다음 [그림 2.8]과 같이 회로를 구성하시오.

- 스위치 SW1과 SW2에 〈표 2.8〉에 주어진 논리값이 인가되었을 때의 출력 논리값을 적어 넣으시오.

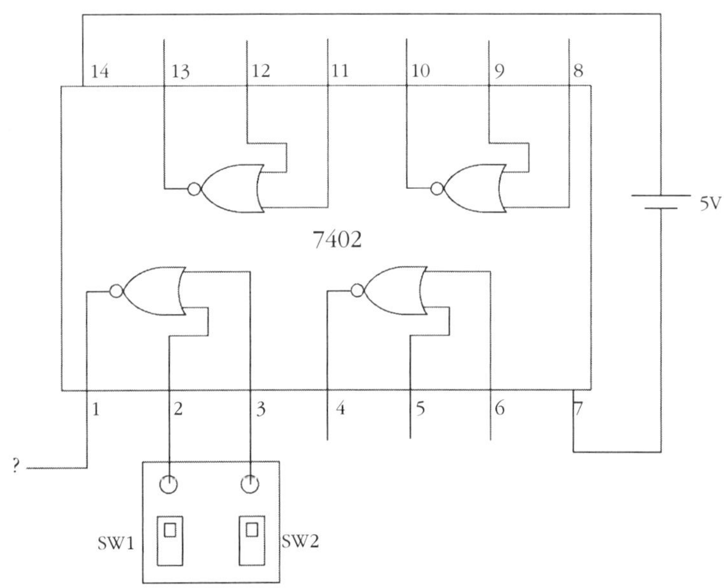

[그림 2.8] 7402 2-입력 NOR

〈표 2.8〉 [그림 2.8]의 진리표

SW1	SW2	3번 핀 논리값
0	0	
0	1	
1	0	
1	1	

(2) 다음 [그림 2.9]와 같이 회로를 구성하시오.

- 스위치 SW에 〈표 2.9〉에 주어진 논리값이 인가되었을 때의 출력 파형을 그려 넣으시오.

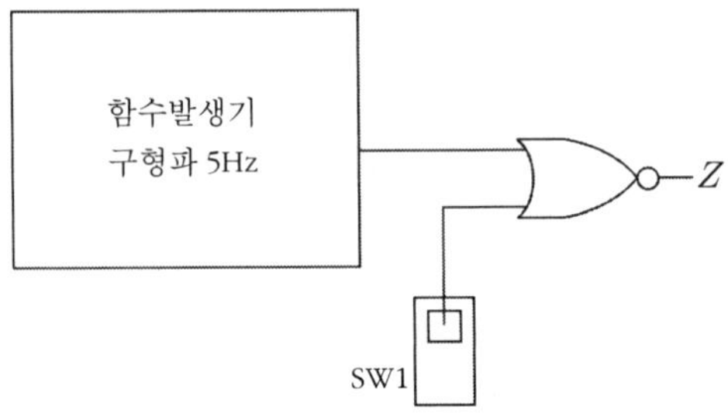

[그림 2.9] 함수발생기와 스위치를 NOR 게이트로 연결

〈표 2.9〉 [그림 2.9]의 출력파형

함수발생기 5Hz	SW1	Z에서 파형
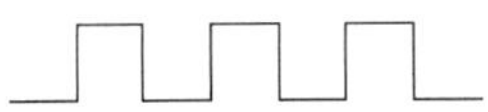	0	
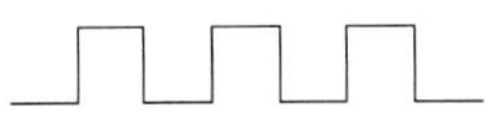	1	

(3) [**응용문제**] 다음 [그림 2.10], [그림 2.11] 회로의 출력이 결정되는 논리는 각각 〈표 2.10〉와 〈표 2.11〉의 어느 부분에 해당되는가? 그 부분에 동그라미를 치시오.

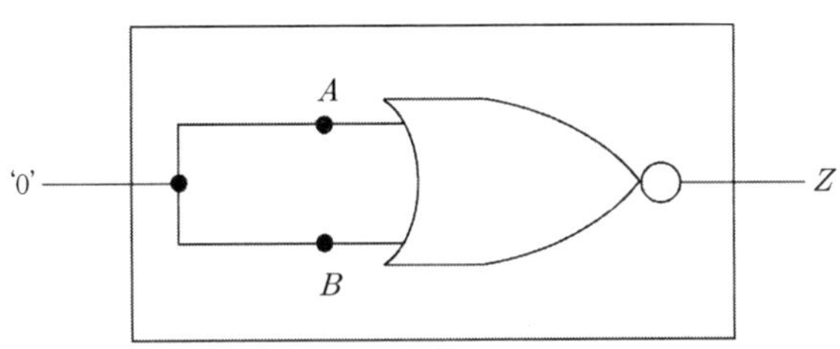

[그림 2.10] 2-입력 NOR의 입력을 '0'으로 연결

〈표 2.10〉 2-입력 NOR 게이트의 진리표

A	B	$Z=\overline{A+B}$
0	0	1
0	1	0
1	0	0
1	1	0

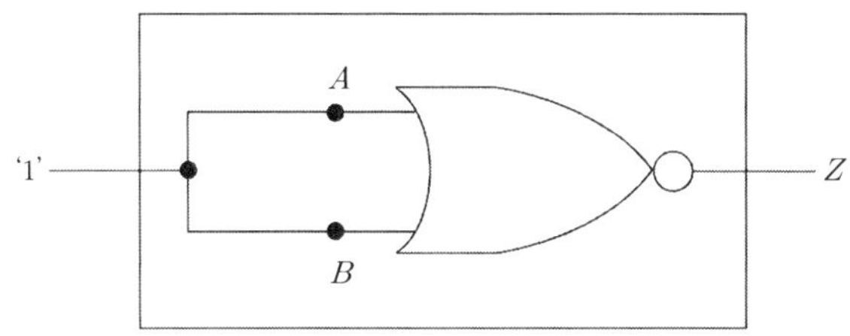

[그림 2.11] 2-입력 NOR의 입력을 '1'로 연결

〈표 2.11〉 2-입력 NOR 게이트의 진리표

A	B	$Z=\overline{A+B}$
0	0	1
0	1	0
1	0	0
1	1	0

- 다음 [그림 2.12]에 NAND를 대치할 수 있는 논리 심볼을 그려 넣고, [그림 2.12]의 진리표를 〈표 2.12〉에 적어 넣으시오.

[그림 2.12] 2-입력 NOR의 입력을 한 개의 입력으로 묶었을 때의 대치 심볼

〈표 2.12〉 2-입력 NOR 의 입력을 한 개의 입력으로 묶었을 때의 진리표

X	Z

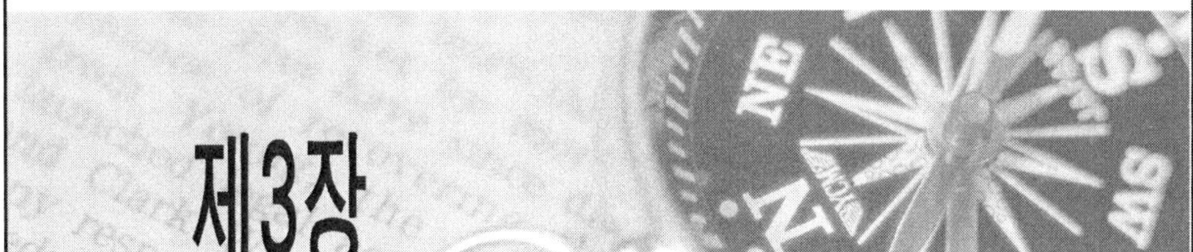

제3장

부울 대수와 드 모르간의 정리

3-1 부울 대수

3-2 드 모르간의 정리

3-1 부울 대수

부울 대수(Boolean algebra)의 공식과 법칙을 사용하면 복잡한 조합 논리회로를 간단한 형식으로 단순화할 수 있다. 〈표 3.1〉과 〈표 3.2〉에 각각 부울 대수의 공식과 법칙을 정리하였다.

〈표 3.1〉 부울 대수 공식

1	$0+A=A$	$1 \cdot A=A$
2	$1+A=1$	$0 \cdot A=0$
3	$A+A=A$	$A \cdot A=A$
4	$A+\overline{A}=1$	$A \cdot \overline{A}=0$
5	$\overline{\overline{A}}$	
드 모르간 정리	$\overline{(A+B+C+\ \ldots)} = \overline{A} \cdot \overline{B} \cdot \overline{C} \cdot \cdots$	$\overline{(A \cdot B \cdot C \cdot\ \ldots)} = \overline{A}+\overline{B}+\overline{C}+\ \cdots$

〈표 3.2〉 부울 대수 법칙

교환	$A+B=B+A$	$AB=BA$
결합	$A+(B+C)=(A+B)+C$	$A(BC)=(AB)C$
분배	$A(B+C)=AB+AC$	$A+(BC)=(A+B)(A+C)$

예습문제

(1) $A+\overline{A}B=A+B$임을 증명해 보이시오.

(2) $B(A+C)+C=AB+C$임을 증명해 보시오.

〈실습자 준비물〉

(1) 데이터 시트: 7400 2-입력 NAND 게이트, 7410 3-입력 NAND 게이트, 7408 2-입력 AND게이트, 7411 3-입력 AND 게이트, 7404 NOT 게이트, 7432 2-입력 OR게이트, 4075 3-입력 OR 게이트.

〈실 험〉

(1) 다음 [그림 3.1], [그림 3.2], [그림 3.3]의 3개의 회로를 구성한 후, 실험적으로 〈표 3.3〉, 〈표 3.4〉, 〈표 3.5〉의 진리표를 완성하시오. 완성된 진리표가 의미하는 것은?

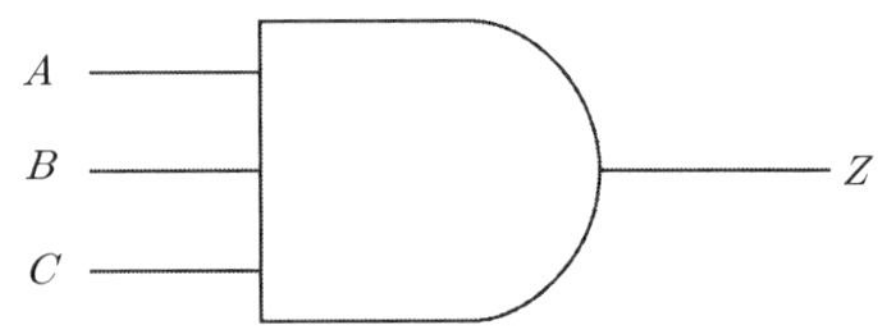

[그림 3.1] 3-입력 AND 게이트

〈표 3.3〉 [그림 3.1]의 진리표

A	B	C	$Z=A\cdot B\cdot C$
0	0	0	
0	0	1	
0	1	0	
0	1	1	
1	0	0	
1	0	1	
1	1	0	
1	1	1	

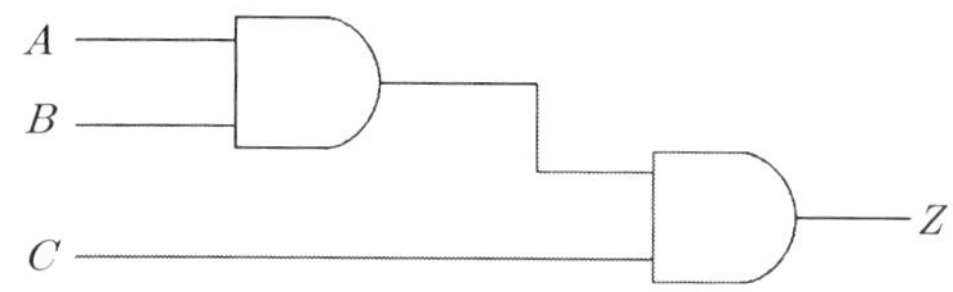

[그림 3.2] 2-입력 AND게이트를 이용한 회로1

〈표 3.4〉 [그림 3.2]의 진리표

A	B	C	$Z=(A \cdot B) \cdot C$
0	0	0	
0	0	1	
0	1	0	
0	1	1	
1	0	0	
1	0	1	
1	1	0	
1	1	1	

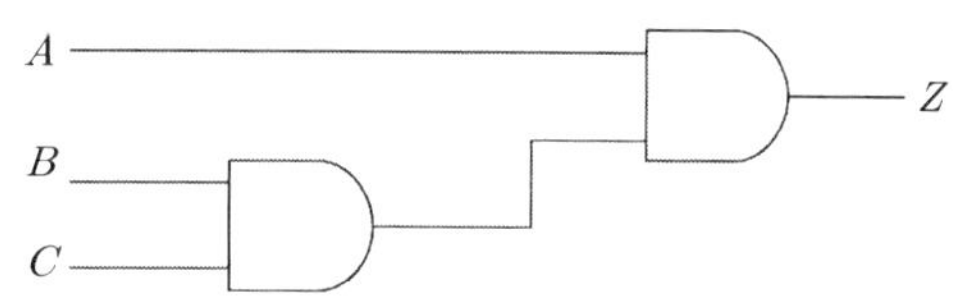

[그림 3.3] 2-입력 AND게이트를 이용한 회로2

〈표 3.5〉 [그림 3.3]의 진리표

A	B	C	$Z = A \cdot (B \cdot C)$
0	0	0	
0	0	1	
0	1	0	
0	1	1	
1	0	0	
1	0	1	
1	1	0	
1	1	1	

(2) 다음 [그림 3.4], [그림 3.5], [그림 3.6]의 3개의 회로를 구성한 후, 실험적으로 〈표 3.6〉, 〈표 3.7〉, 〈표 3.8〉의 진리표를 완성하시오. 완성된 진리표가 의미하는 것은?

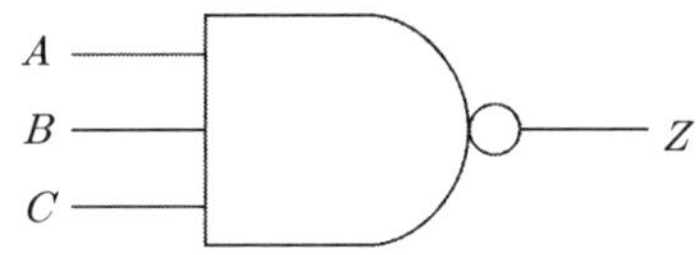

[그림 3.4] 3-입력 NAND 게이트

〈표 3.6〉 [그림 3.4]의 진리표

A	B	C	$Z = \overline{A \cdot B \cdot C}$
0	0	0	
0	0	1	
0	1	0	
0	1	1	
1	0	0	
1	0	1	
1	1	0	
1	1	1	

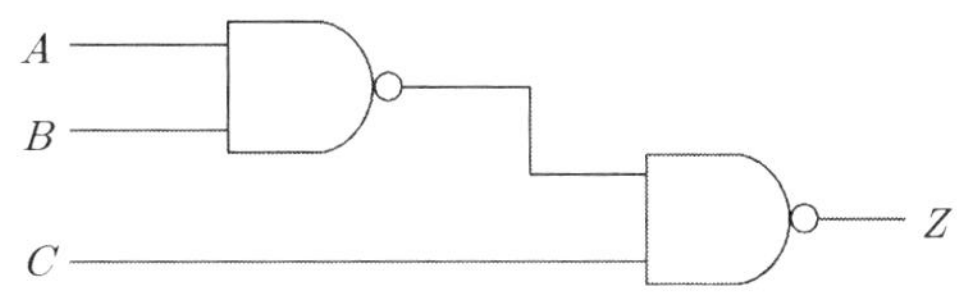

[그림 3.5] 2-입력 NAND게이트를 이용한 회로1

〈표 3.7〉 [그림 3.5]의 진리표

A	B	C	$Z=\overline{\overline{(A \cdot B)} \cdot C}$
0	0	0	
0	0	1	
0	1	0	
0	1	1	
1	0	0	
1	0	1	
1	1	0	
1	1	1	

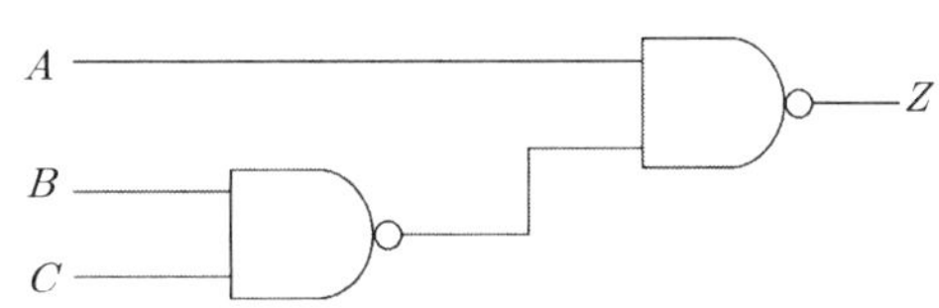

[그림 3.6] 2-입력 NAND게이트를 이용한 회로2

〈표 3.8〉 [그림 3.6]의 진리표

A	*B*	*C*	$Z = \overline{A \cdot \overline{(B \cdot C)}}$
0	0	0	
0	0	1	
0	1	0	
0	1	1	
1	0	0	
1	0	1	
1	1	0	
1	1	1	

(3) 다음 [그림 3.7]의 회로를 구성한 후, 실험적으로 〈표 3.9〉의 진리표를 완성하시오.

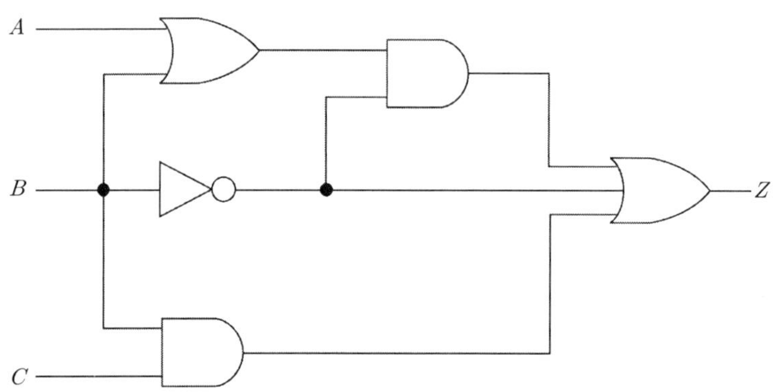

[그림 3.7] 논리회로

〈표 3.9〉 [그림 3.7]의 진리표

A	B	C	$Z=(A+B)\overline{B}+\overline{B}+BC$
0	0	0	
0	0	1	
0	1	0	
0	1	1	
1	0	0	
1	0	1	
1	1	0	
1	1	1	

(4) 다음 [그림 3.8]의 회로를 구성한 후, 실험적으로 〈표 3.10〉의 진리표를 완성하시오.

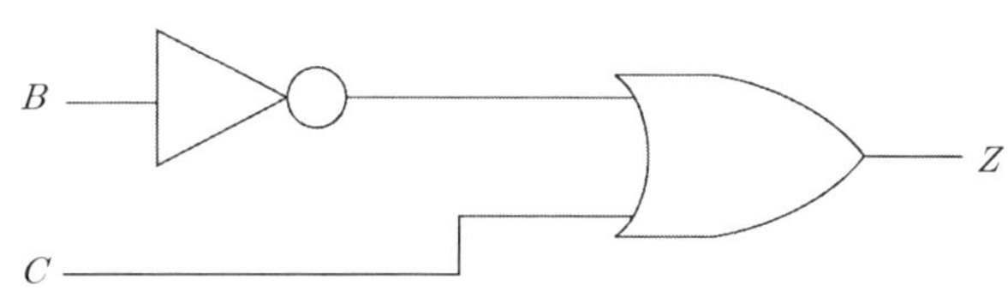

[그림 3.8] 논리회로도

〈표 3.10〉 [그림 3.8]의 진리표

B	C	$Z=\overline{B}+C$
0	0	
0	1	
1	0	
1	1	

(5) 〈표 3.9〉와 〈표 3.10〉을 비교하시오. 두 회로는 등가회로인가?

(6) 부울 대수를 이용하여 [그림 3.7]의 부울식 $Z=(A+B)\overline{B}+\overline{B}+BC$가 [그림 3.8]의 부울식 $Z=\overline{B}+C$로 간소화되는 것을 보이시오.

3-2 드 모르간의 정리

〈표 3.1〉의 마지막 줄에 드 모르간(De Morgan) 정리의 일반식을 보였다. 변수가 2개일 경우로 한정하면 다음과 같이 표현된다.

$$\overline{A+B}=\overline{A}\cdot\overline{B}$$

$$\overline{A\cdot B}=\overline{A}+\overline{B}$$

예습문제

(1) $\overline{\overline{A\cdot B}+\overline{A+B}}=AB$임을 대수적으로 보이시오.

〈실습자 준비물〉

(1) 데이터 시트 : 7400 2-입력 NAND 게이트, 7402 2-입력 NOR 게이트, 7432 2-입력 OR 게이트, 7408 2-입력 AND 게이트

〈실 험〉

(1) NAND 게이트만을 사용하여 OR 게이트를 구현할 수 있다.

- 다음 [그림 3.9], [그림 3.10]의 회로는 등가 회로이다. 실험적으로 다음 〈표 3.12〉를 채워 넣어 등가임을 확인하시오.

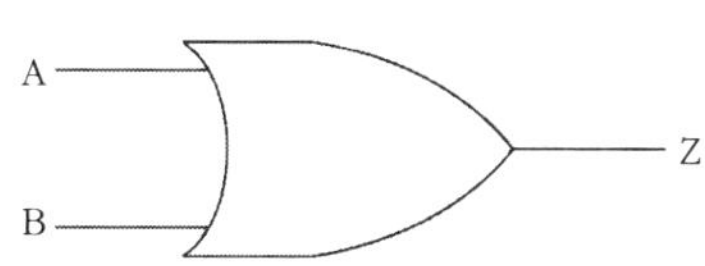

[그림 3.9] 2-입력 OR 게이트

〈표 3.11〉 [그림 3.9]의 진리표

B	C	$Z = A+B$
0	0	0
0	1	1
1	0	1
1	1	1

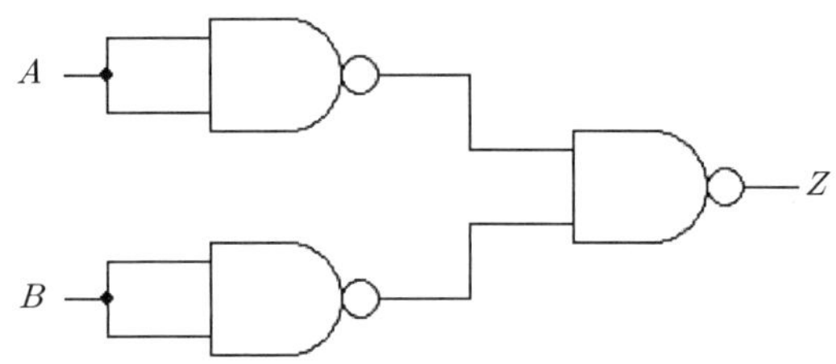

[그림 3.10] NAND를 이용한 OR 게이트

〈표 3.12〉 [그림 3.10]의 진리표

B	C	$Z = \overline{\overline{A} \cdot \overline{C}}$
0	0	
0	1	
1	0	
1	1	

- $Z = A + B$가 $Z = \overline{\overline{A} \cdot \overline{B}}$ 와 같음을 부울대수 적으로 보이시오.

(2) NOR 게이트만을 사용하여 AND 게이트를 구현할 수 있다.

- 다음 [그림 3.11], [그림 3.12]의 회로는 등가회로이다. 실험적으로 다음 〈표 3.14〉를 채워 넣어 등가임을 확인하시오.

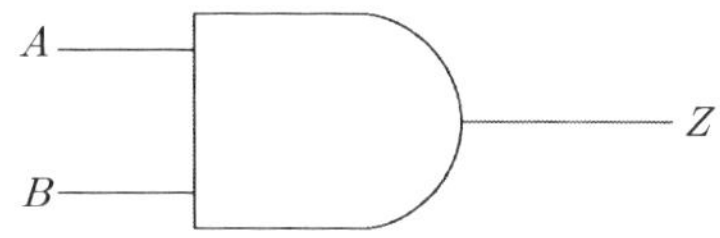

[그림 3.11] 2-입력 AND 게이트

〈표 3.13〉 [그림 3.11]의 진리표

B	C	$Z=A\cdot B$
0	0	0
0	1	0
1	0	0
1	1	1

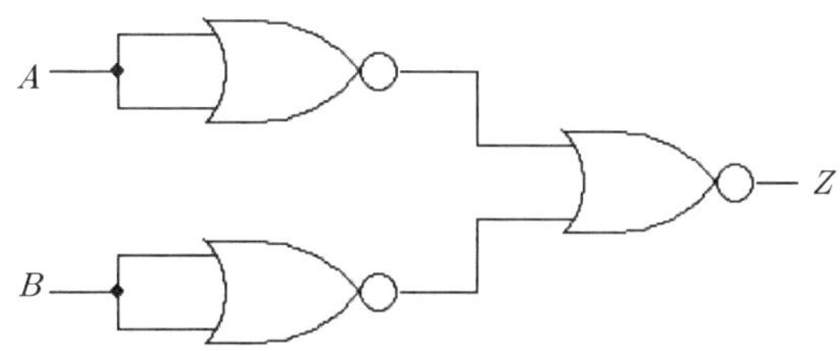

[그림 3.12] NOR를 이용한 AND 게이트

〈표 3.14〉 [그림 3.12]의 진리표

B	C	$Z=\overline{\overline{A}+\overline{B}}$
0	0	
0	1	
1	0	
1	1	

- $Z=A\cdot B$가 $Z=\overline{\overline{A}+\overline{B}}$와 같음을 부울 대수적으로 보이시오.

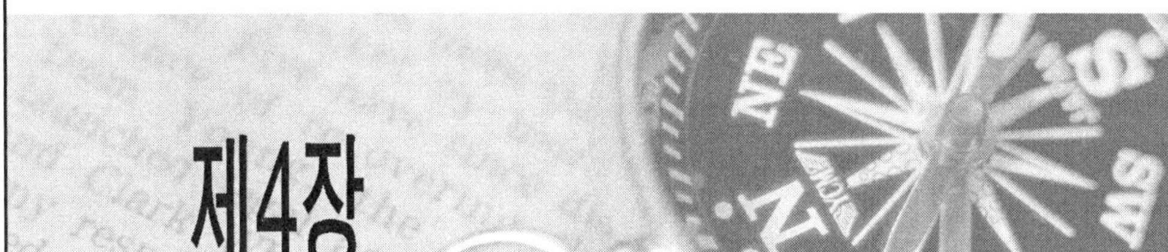

제4장

Exclusive-OR 게이트와 Exclusive-NOR 게이트

4-1 Exclusive-OR 게이트

Exclusive-OR 게이트는 입력 중에 '1'의 갯수가 홀수 개이면 출력이 '1'이 되는 논리연산을 수행하는 논리소자로 Ex-OR 논리연산자로는 ⊕를 사용한다. [그림 4.1]은 2-입력 Ex-OR 게이트의 심볼이며, 출력(Z)은 $Z = A \oplus B = \overline{A} \cdot B + A \cdot \overline{B}$의 논리함수로 표현된다. 〈표 4.1〉에 2-입력 Ex-OR 게이트의 가능한 모든 입력에 대응되는 출력값을 보인 진리표를 나타내었다.

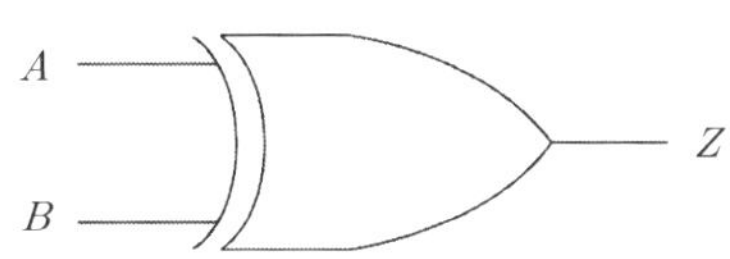

[그림 4.1] 2-입력 Ex-OR 게이트의 심볼

〈표 4.1〉 Ex-OR 게이트의 진리표

A	B	$Z = A \oplus B$
0	0	0
0	1	1
1	0	1
1	1	0

예습문제

(1) 5-입력 Ex-OR 게이트의 입력으로 '01101'이 주어졌을 때 출력값은?

(2) 2-입력 Ex-OR 게이트의 두 입력 A, B에 다음과 같은 입력 파형이 가해졌을 때의 출력 (Z)의 파형을 그려 넣으시오.

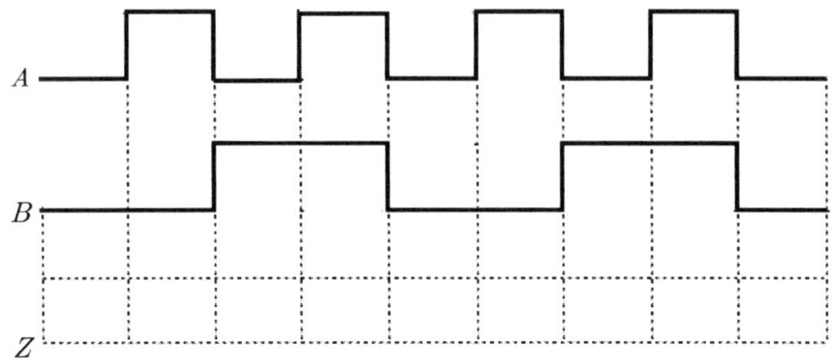

〈실습자 준비물〉

(1) 데이터 시트: 7486 2-입력 Ex-OR 게이트, 7408 2-입력 AND 게이트, 7432 2-입력 OR 게이트, 7404 NOT 게이트.

〈실 험〉

(1) 다음 [그림 4.2]와 [그림 4.3]의 회로를 구성한 후, 실험적으로 〈표 4.2〉, 〈표 4.3〉의 진리표를 완성하시오. 두 표의 값이 같은가 확인하시오.

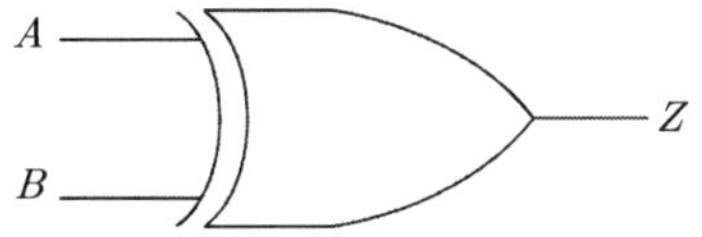

[그림 4.2] 2-입력 Ex-OR 게이트

〈표 4.2〉 [그림 4.2]의 진리표

A	*B*	*Z*
0	0	
0	1	
1	0	
1	1	

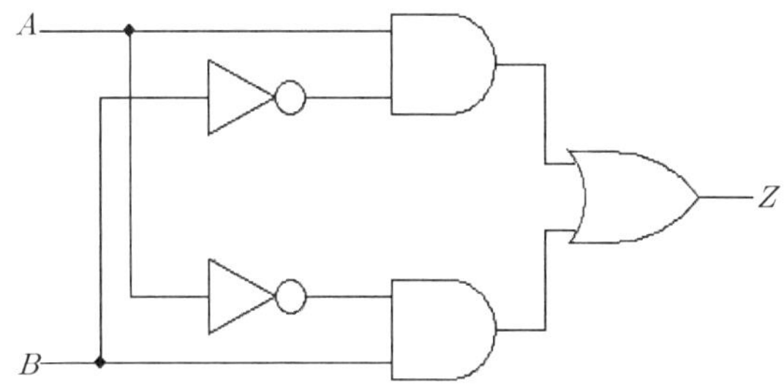

[그림 4.3] 2-입력 Ex-OR 논리회로

〈표 4.3〉 [그림 4.3]의 진리표

A	B	Z
0	0	
0	1	
1	0	
1	1	

(2) 다음 [그림 4.4]와 [그림 4.5]의 회로를 구성한 후, 실험적으로 〈표 4.4〉와 〈표 4.5〉의 진리표를 완성하시오. 완성된 진리표가 의미하는 것은?

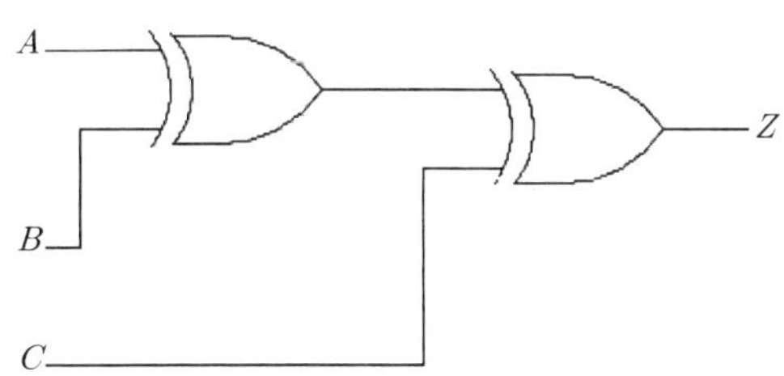

[그림 4.4] 3-입력 Ex-OR 등가회로

〈표 4.4〉 [그림 4.4]의 진리표

A	B	C	$Z=(A\oplus B)\oplus C$
0	0	0	
0	0	1	
0	1	0	
0	1	1	
1	0	0	
1	0	1	
1	1	0	
1	1	1	

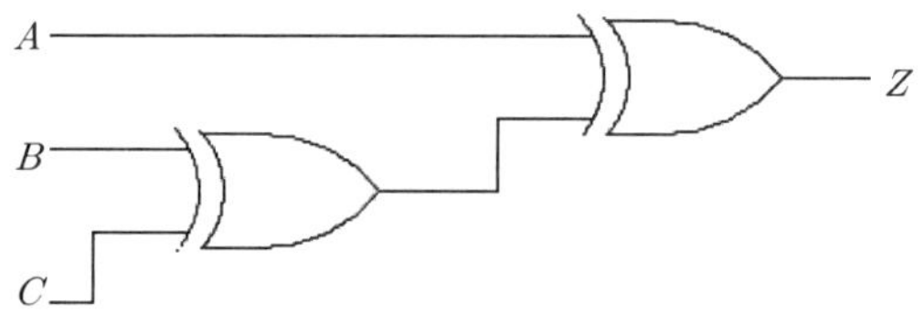

[그림 4.5] 3-입력 Ex-OR 등가회로

〈표 4.5〉 [그림 4.5]의 진리표

A	B	C	$Z=A\oplus(B\oplus C)$
0	0	0	
0	0	1	
0	1	0	
0	1	1	
1	0	0	
1	0	1	
1	1	0	
1	1	1	

- 부울 대수를 이용하여 $(A \oplus B) \oplus C = A \oplus (B \oplus C)$임을 보이시오.

(3) 다음 [그림 4.6]과 같이 회로를 구성하시오.

- 스위치 SW1에 〈표 4.6〉에 주어진 논리값이 인가되었을 때의 출력파형을 그려 넣으시오. 그리고 입출력 관계를 논리식으로 표현하여 표에 기입하시오.

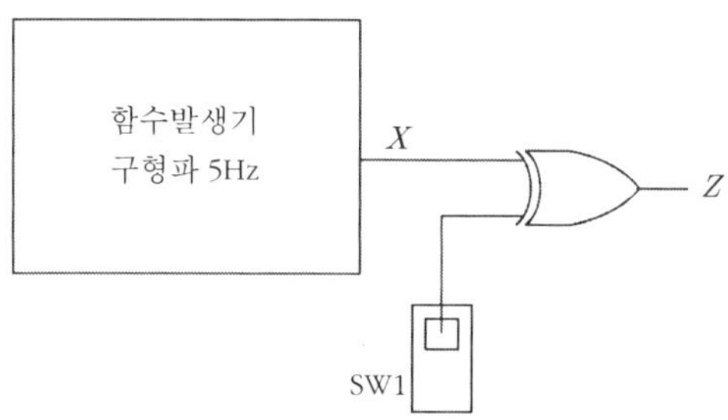

[그림 4.6] 함수발생기와 스위치를 Ex-OR 게이트로 연결

〈표 4.6〉 [그림 4.6]의 출력파형

함수발생기 5Hz	SW1	Z에서 파형	입·출력 관계 논리식 표현
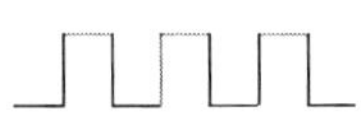	0		
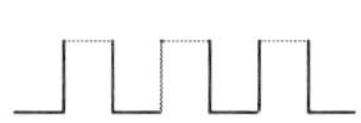	1		

4-2 짝수 패리티 생성기/ 검사기

진송할 데이터에 패리티 비트를 추가하여 전송한 후 수신측의 수신된 데이터에서 약속된 패리티가 지켜지고 있는지를 검사하여 데이터 전송시 오류의 유무를 판단한다. 패리티에는 짝수 패리티와 홀수 패리티가 있는데, 송신자와 수신자 사이에 이 둘 중에 어느 것을 사용할지 약속하면 된다. 3비트로 구성된 데이터 (D_2, D_1, D_0)를 짝수 패리티를 사용하여 전송한다고 가정하면 송신자는 〈표 4.7〉과 같이 짝수 패리티를 포함한 4비트를 송신하게 된다.

〈표 4.7〉 짝수 패리티

D_2	D_1	D_0	짝수 패리티 비트
0	0	0	0
0	0	1	1
0	1	0	1
0	1	1	0
1	0	0	1
1	0	1	0
1	1	0	0
1	1	1	1

수신자는 수신된 4비트 중에 '1'의 갯수가 짝수 개이면 전송중 오류가 없는 것으로 판단하고, 홀수 개이면 오류가 있는 것으로 판단한다.

〈표 4.8〉에 오류 검출 결과를 보였다.

송신자는 짝수 패리티 비트를 생성하는 회로를 Ex-OR 게이트로 구성할 수 있으며, 마찬가지로 수신자도 짝수 패리티를 검사하는 회로를 Ex-OR 게이트로 구현할 수 있다.

〈표 4.8〉 오류 검출 결과

수신된 비트들				패리티 검사 결과
D_2	D_1	D_0	짝수 패리티 비트	0 : 오류 없음 1 : 오류 있음
0	0	0	0	0
0	0	0	1	1
0	0	1	0	1
0	0	1	1	0
0	1	0	0	1
0	1	0	1	0
0	1	1	0	0
0	1	1	1	1
1	0	0	0	1
1	0	0	1	0
1	0	1	0	0
1	0	1	1	1
1	1	0	0	0
1	1	0	1	1
1	1	1	0	1
1	1	1	1	0

예습문제

(1) 홀수 패리티를 사용하기로 약속한 송신자로부터 받은 단위 데이터가 '01011010'이다. 수신된 데이터에는 전송중 오류가 발생하였는가?

(2) 패리티 비트를 이용한 전송시 오류 검출 방식의 문제점은 무엇인가?

(3) 3비트(D_2, D_1, D_0) 데이터를 전송하고자 한다. 짝수 패리티 비트를 생성하여 실제로 4비트를 전송하려고 한다. 짝수 패리티를 생성하는 회로의 논리식을 쓰시오.

〈실습자 준비물〉

(1) 데이터 시트 : 7486 2-입력 Ex-OR 게이트

〈실 험〉

(1) 송신자로부터 짝수 패리티를 포함하는 4비트 데이터(A_3, A_2, A_1, A_0)를 수신하여 수신측에서 짝수 패리티를 검출하는 회로를 다음 그림에 보였다. 〈표 4.9〉에 보인 데이터(A_3, A_2, A_1, A_0)에 대한 출력(Z)값을 실험적으로 구해서 빈칸을 채우시오. 출력값을 참고하여 전송 오류 유무를 빈 칸에 표시하시오.

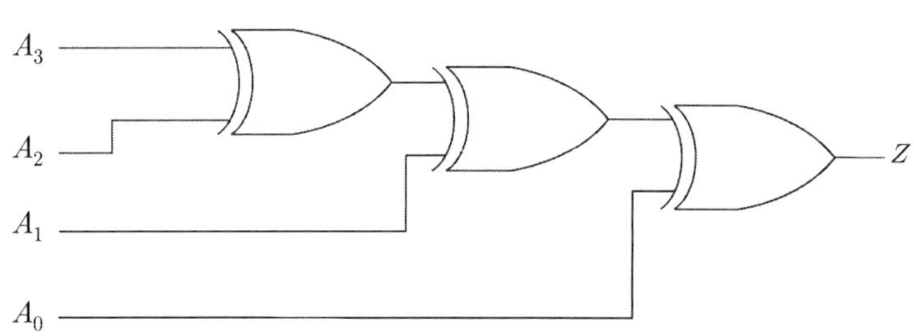

[그림 4.7] 패리티 검출 회로

〈표 4.9〉 짝수 패리티 오류 검출

A_3	A_2	A_1	A_0	Z	전송 오류 유무
0	1	1	0		
1	1	1	0		
1	0	0	1		
0	0	1	0		

4-3 Exclusive-NOR 게이트

Exclusive-NOR 게이트는 입력중에 '0'의 갯수가 짝수 개이면 출력이 '1'이 되는 논리연산을 수행하는 논리소자로 Ex-NOR 논리연산자로는 ⊙을 사용한다.

[그림 4.8]은 2-입력 Ex-NOR 게이트의 심볼이며 출력(Z)은 $Z = A \odot B = AB + \overline{A}\,\overline{B}$의 논리함수로 표현된다.

〈표 4.10〉에 2-입력 Ex-NOR 게이트의 가능한 모든 입력에 되응되는 출력값을 보인 진리표를 나타내었다.

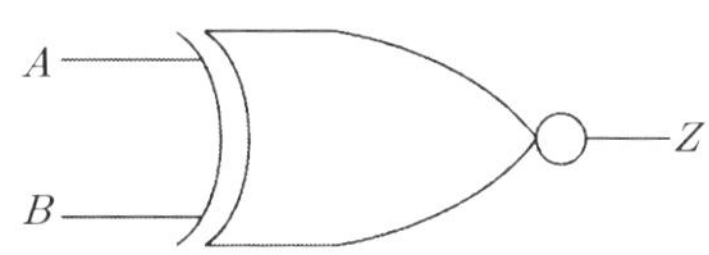

[그림 4.8] 2-입력 Ex-NOR 게이트의 심볼

〈표 4.10〉 Ex-NOR 게이트의 진리표

A	B	$Z = A \odot B$
0	0	1
0	1	0
1	0	0
1	1	1

예습문제

(1) 5-입력 Ex-NOR 게이트의 입력으로 '01101'이 주어졌을 때 출력값은?

(2) 2-입력 Ex-NOR 게이트의 두 입력 A, B에 다음과 같은 입력파형이 가해졌을 때의 출력(Z)의 파형을 그려 넣으시오.

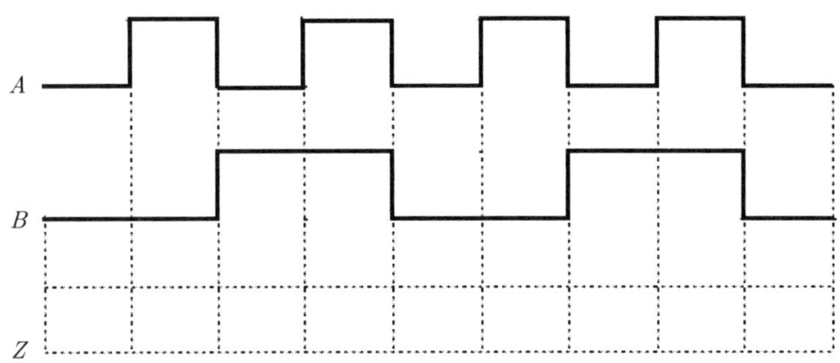

〈실습자 준비물〉

(1) 데이터 시트: 4030 2-입력 Ex-NOR 게이트

〈실 험〉

(1) 다음 [그림 4.9]와 [그림 4.10]의 회로를 구성한 후, 실험적으로 〈표 4.11〉, 〈표 4.12〉의 진리표를 완성하시오. 두 표의 Ex-NOR 결과 값이 같은가 확인하시오. 같다는 것은 무슨 의미인가? 그리고 3입력 Ex-OR의 결과값과 비교해 보시오.

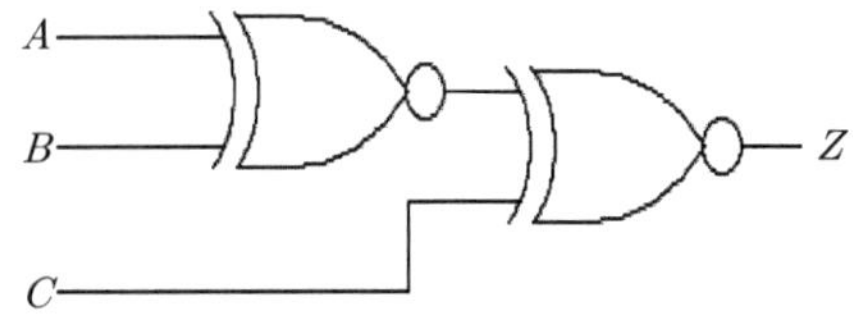

[그림 4.9] 3-입력 Ex-NOR 등가회로

〈표 4.11〉 [그림 4.9]의 진리표

A B C	$Z=(A\odot B)\odot C$	$Z=A\oplus B\oplus C$
0 0 0		
0 0 1		
0 1 0		
0 1 1		
1 0 0		
1 0 1		
1 1 0		
1 1 1		

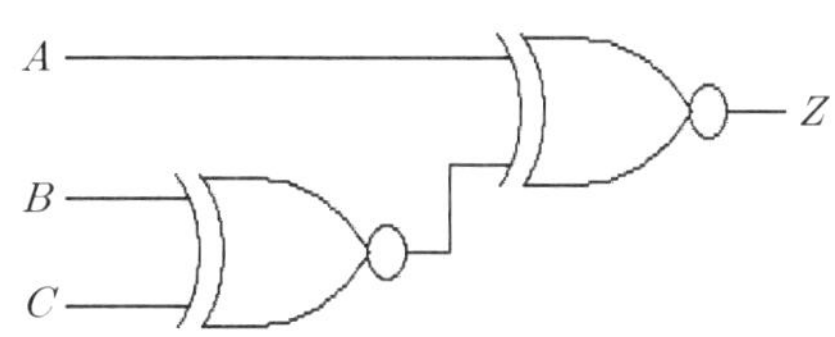

[그림 4.10] 3-입력 Ex-NOR 등가회로

〈표 4.12〉 [그림 4.10]의 진리표

A B C	$Z=A\odot(B\odot C)$	$Z=A\oplus B\oplus C$
0 0 0		
0 0 1		
0 1 0		
0 1 1		
1 0 0		
1 0 1		
1 1 0		
1 1 1		

(2) 다음 [그림 4.11]과 [그림 4.12]의 회로를 구성한 후, 실험적으로 〈표 4.13〉과 〈표 4.14〉의 진리표를 완성하시오. 두 표의 Ex-NOR 결과값이 같은가 확인하시오. 같다는 것은 무슨 의미 인가? 그리고 4-입력 Ex-OR의 결과값과 비교해 보시오.

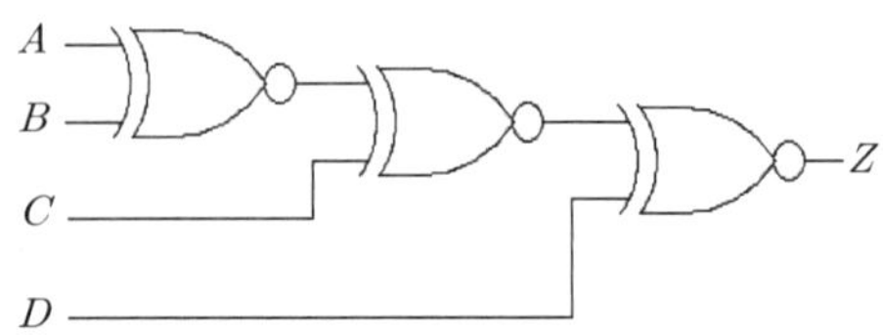

[그림 4.11] 4-입력 Ex-NOR 등가회로

〈표 4.13〉 [그림 4.11]의 진리표

A B C D	$Z=((A\odot B)\odot C)\odot D$	$Z=A\oplus B\oplus C\oplus D$
0 0 0 0		
0 0 0 1		
0 0 1 0		
0 0 1 1		
0 1 0 0		
0 1 0 1		
0 1 1 0		
0 1 1 1		
1 0 0 0		
1 0 0 1		
1 0 1 0		
1 0 1 1		
1 1 0 0		
1 1 0 1		
1 1 1 0		
1 1 1 1		

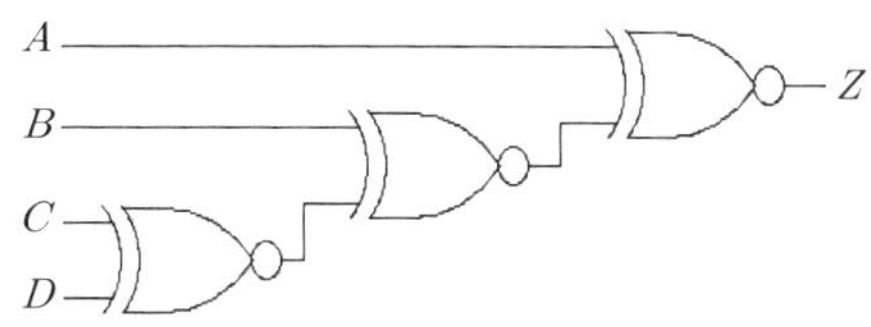

〈표 4.14〉 [그림 4.12]의 진리표

$A\ B\ C\ D$	$Z=A\odot(B\odot(C\odot D))$	$Z=A\oplus B\oplus C\oplus D$
0 0 0 0		
0 0 0 1		
0 0 1 0		
0 0 1 1		
0 1 0 0		
0 1 0 1		
0 1 1 0		
0 1 1 1		
1 0 0 0		
1 0 0 1		
1 0 1 0		
1 0 1 1		
1 1 0 0		
1 1 0 1		
1 1 1 0		
1 1 1 1		

제5장

논리회로의 간소화

5-1 카르노 맵

논리회로는 논리함수로 표현된다. 논리함수식은 부울 대수 법칙을 활용하여 간소화할 수 있다. 논리함수식이 간소화되면 그만큼 논리회로가 간단해진다. 그러나 부울 대수 법칙을 적용하여 논리함수식을 간소화하는 방법은 복잡하고 실수할 확률도 상당히 높으며, 완전히 간소화되었는가를 검증하기도 힘들다. 카르노 맵(Karnaugh's map)을 이용한 논리함수식의 간소화 방법은 이러한 문제점을 개선한 대안이다.

카르노 맵을 이용하는 논리회로를 간소화 과정을 다음에 설명한다.

다음 〈표 5.1〉에 보인 진리표에 의해 정의된 논리회로를 부울 대수식으로 표현하면

$$F(A,B,C) = \overline{A}\,\overline{B}\,\overline{C} + \overline{A}\,\overline{B}C + \overline{A}B\overline{C} + \overline{A}BC$$

이다.

〈표 5.1〉 진리표

A	B	C	$F(A, B, C)$
0	0	0	1
0	0	1	1
0	1	0	1
0	1	1	1
1	0	0	0
1	0	1	0
1	1	0	0
1	1	1	0

이 부울 대수식을 그대로 논리회로로 구현하면 [그림 5.1]과 같다.

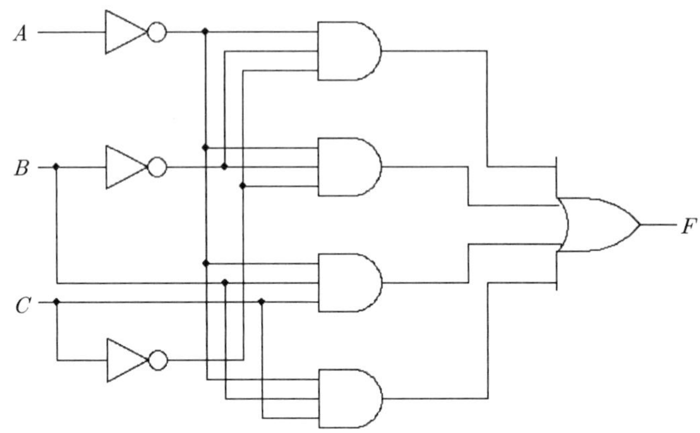

[그림 5.1] 간소화되지 않은 논리회로

이 부울 대수식을 카르노 맵에 대입하여 간소화하면,

$$F(A,B,C) = \overline{A}$$

가 된다(그림 5.2).

A \ BC	00	01	11	10
0	1	1	1	1
1				

[그림 5.2] 카르노 맵에 의한 간소화

간소화된 부울 대수식을 논리회로로 구현하면 다음 [그림 5.3]과 같다.

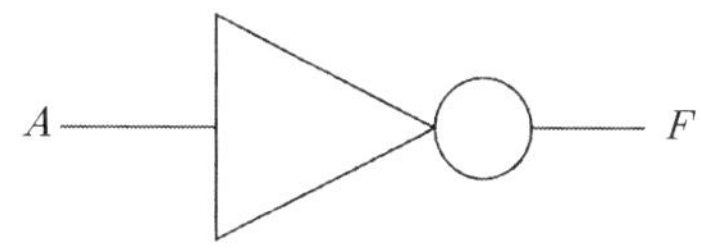

[그림 5.3] 간소화된 논리회로

같은 동작을 수행하는 논리회로이지만 간소화되지 않은 논리회로(그림 5.1)보다 훨씬 경제적인 것을 알 수 있다.

예습문제

(1) 카르노 맵을 사용하여 다음 부울 함수를 간소화하시오.

$$F(A, B, C, D) = \overline{A}\,\overline{B}\,\overline{C}D + \overline{A}B\overline{C}D + A\overline{B}\,\overline{C}D + AB\overline{C}D + AB\overline{C}\,\overline{D} + ABCD$$

(2) 〔**고난이도**〕 카르노 맵을 사용하여 다음 부울 함수를 간소화하시오.

$$F(A, B, C, D) = \Sigma(0, 2, 3, 5, 7, 8, 9, 10, 11, 13, 15)$$

〈실습자 준비물〉

(1) 데이터 시트: 7432 2-입력 OR 게이트, 7404 NOT 게이트.

〈실 험〉

(1) 〔**응용문제**〕 0에서 7 사이의 3비트 2진수가 입력변수 A, B, C로 입력될 때, 입력되는 값이 짝수이거나 '4' 이상이면 High(1)을 출력하는 회로를 설계하고 실험적으로 올바르게 동작함을 보이시오. (단, 카르노 맵을 사용하여 간소화된 회로를 구성하시오. 변수 A가 MSB이다.)

- 설계하고자 하는 회로의 진리표를 다음 〈표 5.2〉에 완성하시오.

〈표 5.2〉 진리표

A	B	C	X
0	0	0	1
0	0	1	0
0	1	0	
0	1	1	
1	0	0	
1	0	1	
1	1	0	1
1	1	1	

- 진리표의 결과를 다음 〈표 5.3〉의 카르노 맵에 대입하여 간소화된 논리식을 구하고 [그림 5.4]의 빈 칸에 논리회로를 그리시오.

〈표 5.3〉 카르노 맵

A \ BC	00	01	11	10
0				
1				

[그림 5.4] 간소화된 논리회로

- 카르노 맵 간소화에 의해 구해진 논리식을 회로로 구성한 후, 실험적으로 다음의 〈표 5.4〉를 채우시오.

〈표 5.4〉 간소화된 진리표

A	C	X
0	0	
0	1	
1	0	
1	1	

- 간소화된 논리회로에서 사용되지 않는 입력은?

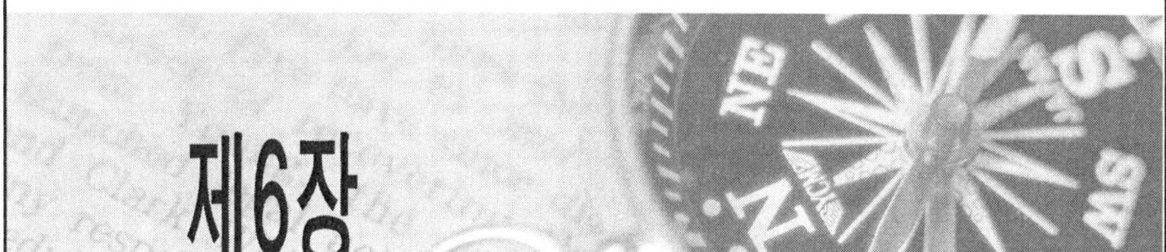

제6장

가 산 기

6-1 반가산기

2진수 두 수를 더할 때, 두 수의 LSB(Least Significant Bit)를 더하는 데 사용된다.

4비트 두 수($A_3A_2A_1A_0 = 0110$, $B_3B_2B_1B_0 = 1101$ / $A_3A_2A_1A_0 = 0101$, $B_3B_2B_1B_0 = 1101$)의 덧셈의 예를 다음 [그림 6.1]에 보였다.

올림수(C_0)가 0이라는 것은 덧셈에서 올림수가 발생하지 않았음을 의미한다.

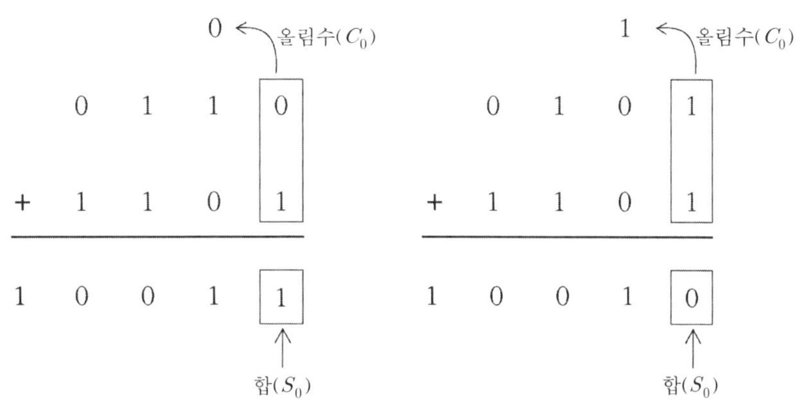

[그림 6.1] 4비트 두 수의 덧셈

반가산기(HA : Half Adder)를 블록도로 나타내면 다음 [그림 6.2]와 같다.

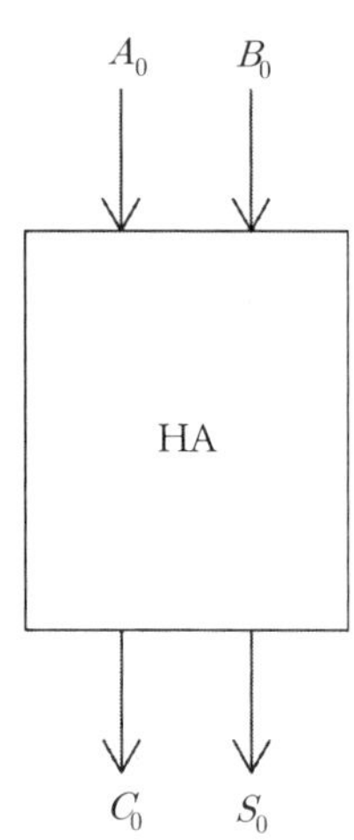

[그림 6.2] 반가산기의 블록도

예습문제

(1) 반가산기에서 올림수가 발생하는 경우는 언제인가?

〈실습자 준비물〉

(1) 데이터 시트: 7408 2-입력 AND 게이트, 7486 2-입력 Ex-OR 게이트.

〈실 험〉

(1) 다음 [그림 6.3]에 블록도 형태로 보인 반가산기의 두 입력 A_0와 B_0의 값에 따른 두 출력, 합(Sum)과 올림수(Carry)의 값을 나타내는 다음 진리표(표 6.1)를 완성하시오.

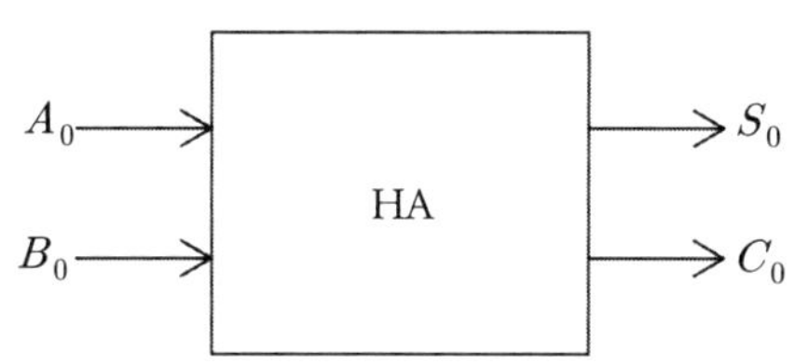

[그림 6.3] 반가산기의 블록도

〈표 6.1〉 반가산기의 진리표

A_0	B_0	S_0	C_0
0	0		
0	1		
1	0		
1	1		

(2) 〈표 6.1〉 진리표로부터 합과 올림수의 논리식을 구해 아래 빈 칸에 채워 넣고 각 논리식의 논리회로를 다음 [그림 6.4]에 그려 넣으시오.

합 : S = ______________________________

올림수 : C = ______________________________

[그림 6.4] 반가산기의 내부 블록도

(3) [그림 6.4] 논리회로를 실제로 구성하여 실험적으로 〈표 6.2〉를 채워 넣은 후, 이론적인 설계결과와 비교하시오.

〈표 6.2〉 반가산기의 진리표

A_0	B_0	S	C
0	0		
0	1		
1	0		
1	1		

6-2 전가산기

2진수 두 수를 더할 때, 두 수의 LSB를 제외한 나머지 비트를 더하는 데 사용된다.

4비트 두 수($A_3A_2A_1A_0 = 0101$, $B_3B_2B_1B_0 = 1101$)의 덧셈의 예를 다음 [그림 6.5]에 보였다.

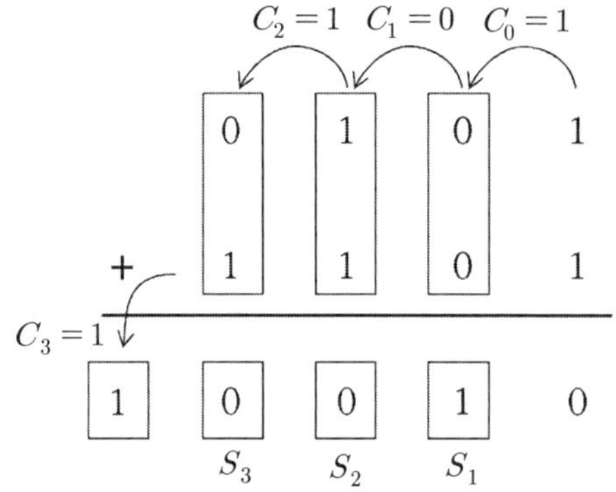

[그림 6.5] 4비트 두 수의 덧셈

전가산기(FA : Full Adder)를 블록도로 나타내면 다음 [그림 6.6]과 같다.

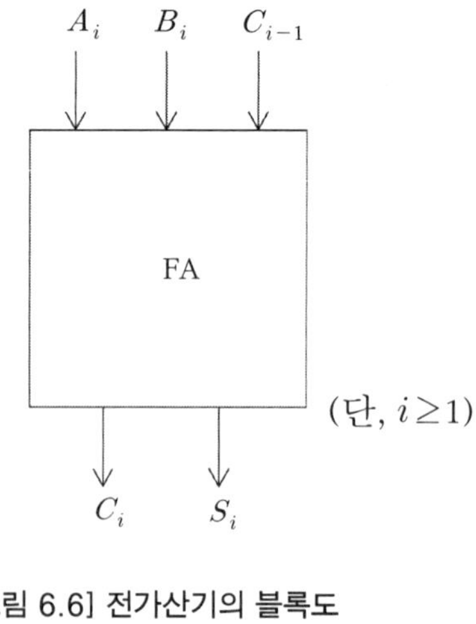

[그림 6.6] 전가산기의 블록도

예습문제

(1) 전가산기의 입력단자의 갯수는?

(2) 전가산기에서 올림수가 발생하는 경우는 언제인가?

〈실습자 준비물〉

(1) 데이터 시트 : 7411 3-입력 AND 게이트, 7432 2-입력 OR 게이트, 7486 2-입력 Ex-OR 게이트, 7404 NOT 게이트.

〈실 험〉

(1) 아래 [그림 6.7]에 블록도 형태로 보인 전가산기의 세 입력 A_i, B_i, C_{i-1}의 값에 따른 두 출력, 합(Sum)과 올림수(Carry)의 값을 나타내는 다음 진리표(표 6.3)를 완성하시오.

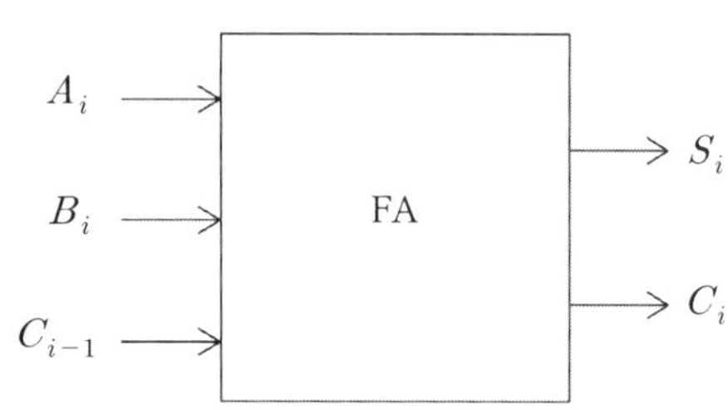

[그림 6.7] 전가산기의 블록도

〈표 6.3〉 전가산기의 진리표

A_i	B_i	C_{i-1}	S_i	C_i
0	0	0		
0	0	1		
0	1	0		
0	1	1		
1	0	0		
1	0	1		
1	1	0		
1	1	1		

(2) 〈표 6.3〉으로부터 합(S_i)과 올림수(C_i)의 논리식을 구해 아래 빈 칸에 채워 넣고, 각 논리식의 논리회로를 다음 [그림 6.8]에 그려 넣으시오.

합 : S = ____________________

올림수 : C = ____________________

[그림 6.8] 전가산기의 내부 블록도

(3) 전가산기 올림수(C_i)의 논리식은 그대로 브레드 보드에서 결선하기에는 복잡하므로 논리식을 변형한다. 다음 변형하는 과정의 빈 칸을 채워 넣으시오.

$$C_i = \overline{A_i} \cdot B_i \cdot C_{i-1} + A_i \cdot \overline{B_i} \cdot C_{i-1} + A_i \cdot B_i \cdot \overline{C_{i-1}} + A_i \cdot B_i \cdot C_{i-1}$$
$$= A_i \cdot B_i \cdot (\qquad\qquad) + C_{i-1} \cdot (\qquad\qquad)$$
$$= A_i \cdot B_i + C_{i-1} \cdot (A_i \oplus B_i)$$

(4) 변형된 올림수(C_i) 논리식과 이전에 구한 합(S_i) 논리식을 사용하여 논리회로를 그리면 다음 [그림 6.9]와 같다. 논리도에서 미완성된 부분을 그려 넣으시오.

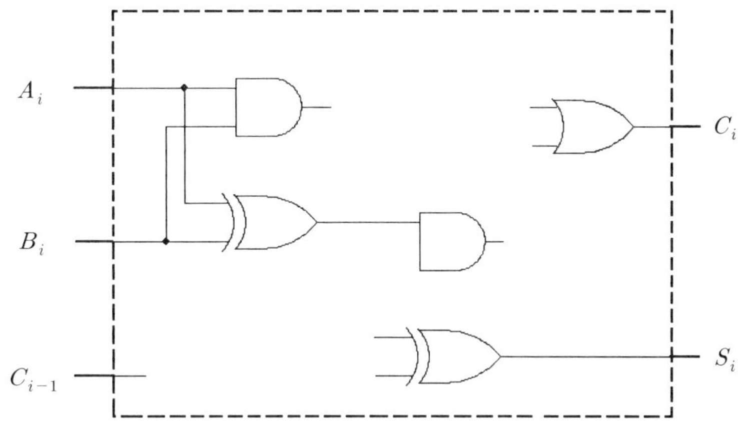

[그림 6.9] 전가산기의 논리도

(5) [그림 6.9] 논리회로를 실제로 구성하여 실험적으로 <표 6.4>를 채워 넣은 후, 이론적인 설계 결과와 비교하시오.

〈표 6.4〉 전가산기의 진리표

A_i	B_i	C_{i-1}	S_i	C_i
0	0	0		
0	0	1		
0	1	0		
0	1	1		
1	0	0		
1	0	1		
1	1	0		
1	1	1		

6-3 반가산기로 전가산기 구현하기

전가산기는 두 개의 반가산기와 한 개의 OR게이트로 구현될 수 있다. [그림 6.10]에 그 회로도를 보였다.

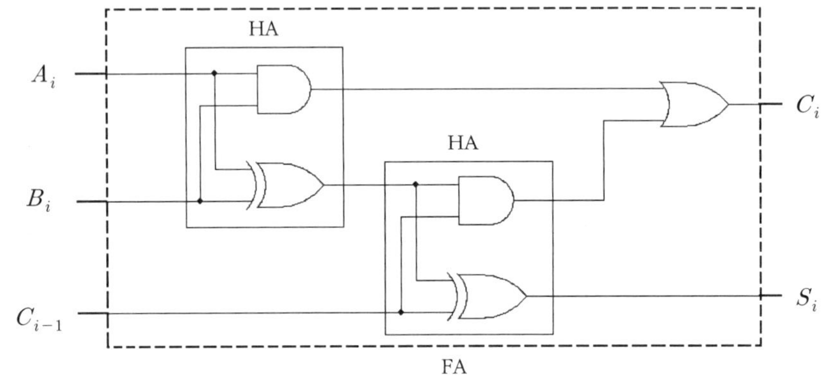

[그림 6.10] 전가산기의 내부 회로도

예습문제

(1) [그림 6.10]의 두 개의 반가산기와 한 개의 OR 게이트로 구성된 전가산기의 출력 중 합(S_i)의 논리식을 쓰시오.

〈실습자 준비물〉

(1) 데이터 시트: 7408 2-입력 AND 게이트, 7432 2-입력 OR 게이트, 7486 2-입력 Ex-OR 게이트.

〈실 험〉

(1) 반가산기 1개와 전가산기(2개의 반가산기와 1개의 OR 게이트로 구성된 것) 1개를 사용하여 2비트 병렬 가산기를 구성한다. 다음 [그림 6.11] 회로도를 완성하시오.

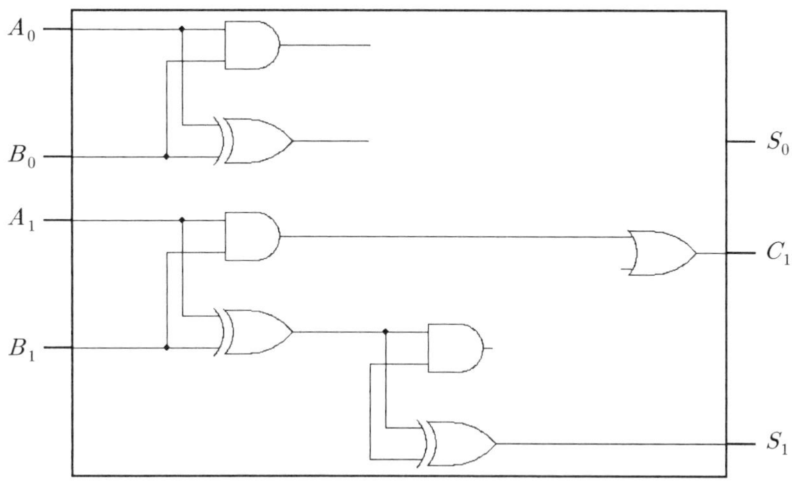

[그림 6.11] 2비트 병렬 가산기

(2) [그림 6.11] 회로도를 구성한 후, 실험적으로 〈표 6.5〉를 채워 넣어 2비트 가산기의 동작을 확인하시오.

〈표 6.5〉 2비트 병렬 가산기의 진리표

A_1	A_0	B_1	B_0	C_1	S_1	S_0
0	0	0	1			
0	1	0	1			
0	1	1	1			
1	0	1	0			
1	0	1	1			
1	1	1	1			

제7장

감 산 기

7-1 반감산기

7-2 전감산기

7-3 반감산기로 전감산기 구현하기

7-1 반감산기

2진수 두 수를 뺄 때($X-Y$), 두 수의 LSB를 빼는 데 사용된다.

4비트 두 수($X_3X_2X_1X_0 = 1101$, $Y_3Y_2Y_1Y_0 = 0100$ / $X_3X_2X_1X_0 = 1110$, $Y_3Y_2Y_1Y_0 = 0101$)의 뺄셈의 예를 다음 [그림 7.1]에 보였다. 빌림수(B_0)가 0이라는 것은 뺄셈에서 빌림수가 발생하지 않았음을 의미한다.

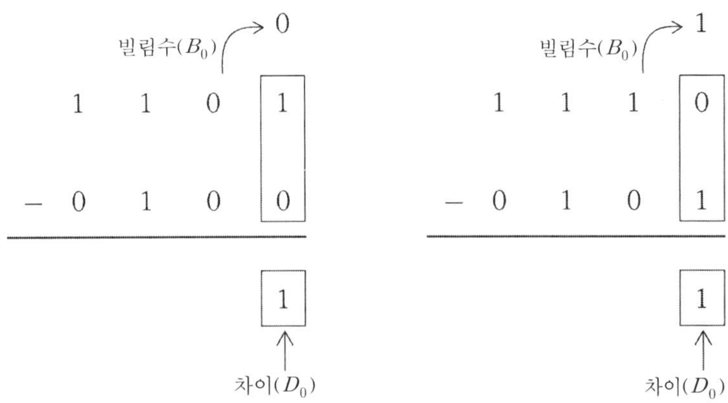

[그림 7.1] 4비트 두 수의 뺄셈

반감산기(HS : Half Subtrator)를 블록도로 나타내면 다음 [그림 7.2]와 같다.

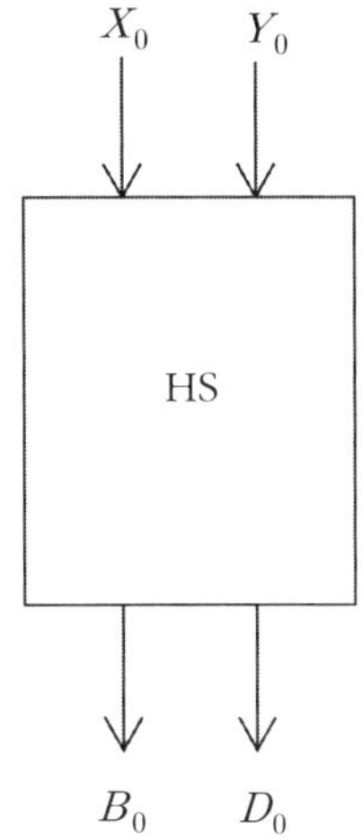

[그림 7.2] 반감산기의 블록도

예습문제

(1) 반감산기에서 빌림수가 발생하는 경우는 언제인가?

〈실습자 준비물〉

(1) 데이터 시트: 7408 2-입력 AND 게이트, 7486 2-입력 Ex-OR 게이트.

〈실 험〉

(1) 다음 [그림 7.3]에 블록도 형태로 보인 반감산기의 두 입력 X_0와 Y_0의 값에 따른 두 출력, 차(Difference)과 빌림수(Borrow)의 값을 나타내는 다음 진리표(표 7.1)를 완성하시오.

[그림 7.3] 반감산기의 블록도

〈표 7.1〉 반가산기의 진리표

X_0	Y_0	D_0	B_0
0	0		
0	1		
1	0		
1	1		

(2) 〈표 7.1〉 진리표로부터 차(D_0)와 빌림수(B_0)의 논리식을 구해 아래 빈 칸에 채워 넣고, 각 논리식의 논리회로를 다음 [그림 7.4]에 그려 넣으시오.

합 : D_i = ______________________________

빌림수 : B_i = ______________________________

[그림 7.4] 반감산기의 내부 블록도

(3) [그림 7.4] 논리회로를 실제로 구성하여 실험적으로 〈표 7.2〉를 채워 넣은 후, 이론적인 설계결과와 비교하시오.

〈표 7.2〉 반감산기의 진리표

X_0	Y_0	D_0	B_0
0	0		
0	1		
1	0		
1	1		

7-2 전감산기

2진수 두 수를 뺄 때($X-Y$), 두 수의 LSB를 제외한 나머지 비트를 빼는 데 사용된다.

4비트 두수($X_3X_2X_1X_0=1010$, $Y_3Y_2Y_1Y_0=1101$)의 뺄셈의 예를 다음 [그림 7.5]에 보였다.

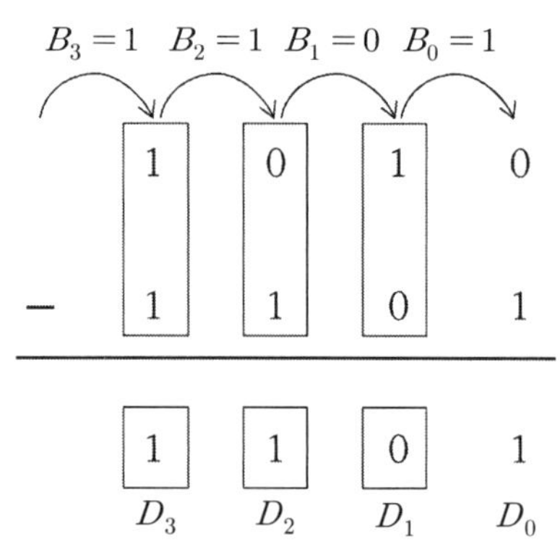

[그림 7.5] 4비트 두 수의 뺄셈

전감산기(FS : Full Subtractor)를 블록도로 나타내면 다음 [그림 7.6]과 같다.

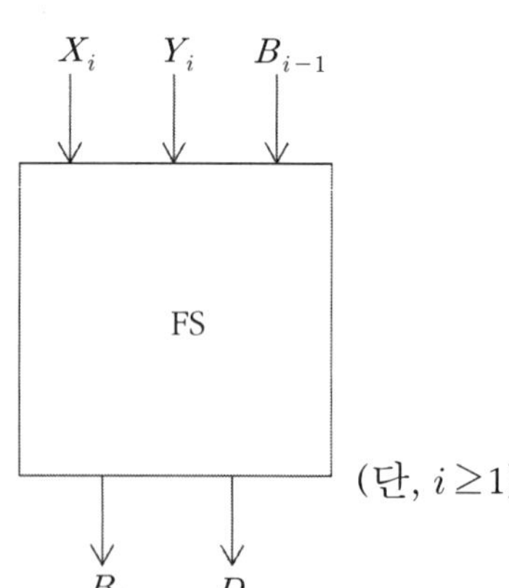

[그림 7.6] 전감산기의 블록도

예습문제

(1) 전감산기의 입력단자의 갯수는?

〈실습자 준비물〉

(1) 데이터 시트 : 7411 3-입력 AND 게이트, 7432 2-입력 OR 게이트, 7486 2-입력 Ex-OR 게이트, 7404 NOT 게이트.

〈실 험〉

(1) 다음 [그림 7.7]에 블록도 형태로 보인 전감산기의 세 입력 X_i, Y_i, B_{i-1}의 값에 따른 두 출력, 차(Difference)와 빌림수(Borrow)의 값을 나타내는 다음 진리표(표 7.3)를 완성하시오.

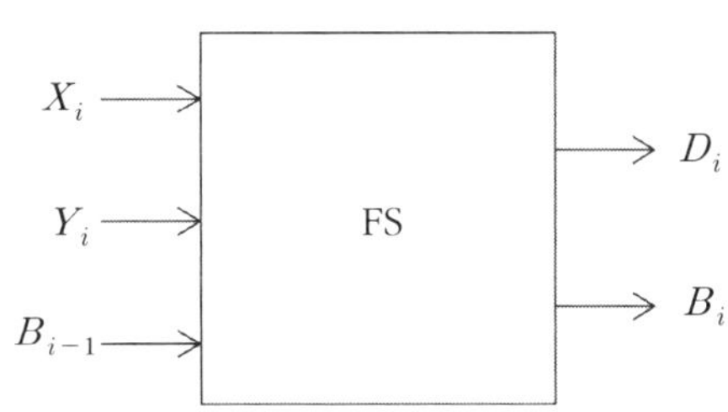

[그림 7.7] 전감산기의 블록도

〈표 7.3〉 전가산기의 진리표

X_i	Y_i	B_{i-1}	D_i	B_i
0	0	0		
0	0	1		
0	1	0		
0	1	1		
1	0	0		
1	0	1		
1	1	0		
1	1	1		

(2) 〈표 7.3〉 진리표로부터 차(D_i)와 빌림수(B_i)의 논리식을 구해 아래 빈 칸에 채워 넣고, 각 논리식의 논리회로를 다음 [그림 7.8]에 그려 넣으시오.

합 : D_i = ______________________________

빌림수 : B_i = ______________________________

[그림 7.8] 전감산기의 내부 블록도

(3) 전감산기 빌림수(B_i)의 논리식은 그대로 브레드 보드에서 결선하기에는 복잡하므로 논리식을 변형한다. 다음 변형하는 과정의 빈 칸을 채워 넣으시오.

$$B_i = \overline{X_i} \cdot \overline{Y_i} \cdot B_{i-1} + \overline{X_i} \cdot Y_i \cdot \overline{B_{i-1}} + \overline{X_i} \cdot Y_i \cdot B_{i-1} + X_i \cdot Y_i \cdot B_{i-1}$$

$$= \overline{X_i} \cdot (\qquad\qquad) + Y_i B_{i-1} \cdot (\qquad\qquad)$$

$$= \overline{X_i} \cdot (Y_i \oplus B_{i-1}) + Y_i B_{i-1}$$

(4) 변형된 빌림수(B_{i-1}) 논리식과 이전에 구한 차(D_i) 논리식을 사용하여 논리 회로를 그리면 다음 [그림 7.9]와 같다. 논리도에서 미완성된 부분을 그려 넣으시오.

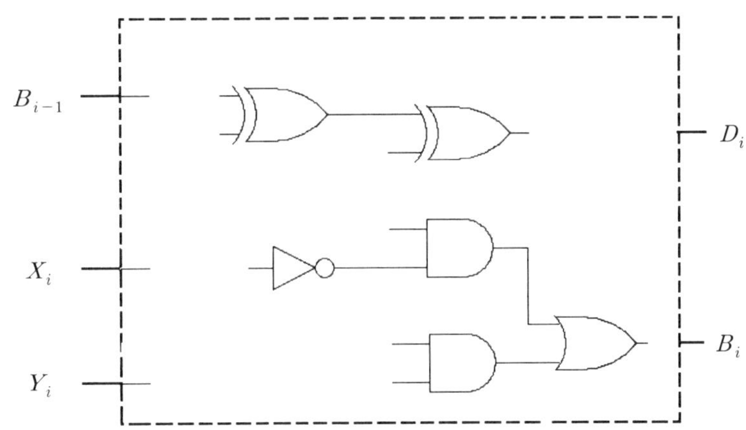

[그림 7.9] 전감산기의 논리도

(5) [그림 7.9] 논리회로를 실제로 구성하여 실험적으로 〈표 7.4〉를 채워 넣은 후, 이론적인 설계 결과와 비교하시오.

〈표 7.4〉 전감산기의 진리표

X_i	Y_i	B_{i-1}	D_i	B_i
0	0	0		
0	0	1		
0	1	0		
0	1	1		
1	0	0		
1	0	1		
1	1	0		
1	1	1		

7-3 반감산기로 전감산기 구현하기

전감산기는 두 개의 반감산기와 한 개의 OR 게이트로 구현될 수 있다. [그림 7.10]에 그 회로도를 보였다.

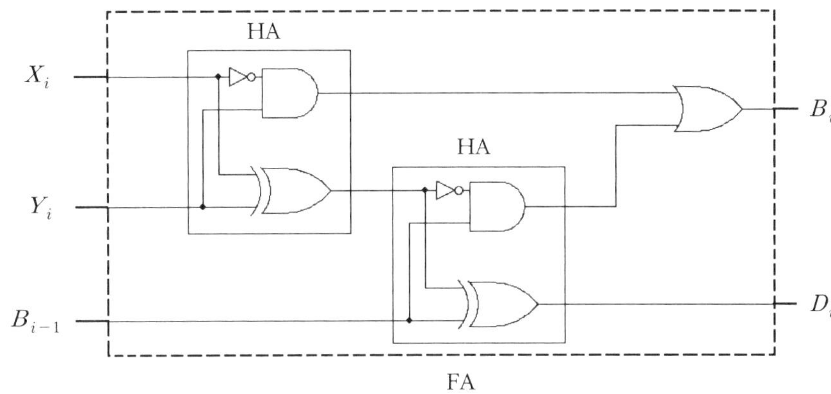

[그림 7.10] 전감산기의 내부 회로도

예습문제

(1) [그림 7.10]의 두 개의 반감산기와 한 개의 OR 게이트로 구성된 전감산기의 출력 중 차(D_i)의 논리식을 쓰시오.

〈실습자 준비물〉

(1) 데이터 시트: 7408 2-입력 AND 게이트, 7432 2-입력 OR 게이트, 7486 2-입력 Ex-OR 게이트, 7404 NOT 게이트.

〈실 험〉

(1) 반감산기 1개와 전감산기(2개의 반감산기와 1개의 OR 게이트로 구성된 것) 1개를 사용하여 2비트 병렬 감산기를 구성한다. 다음 [그림 7.11] 그 회로도를 완성하시오.

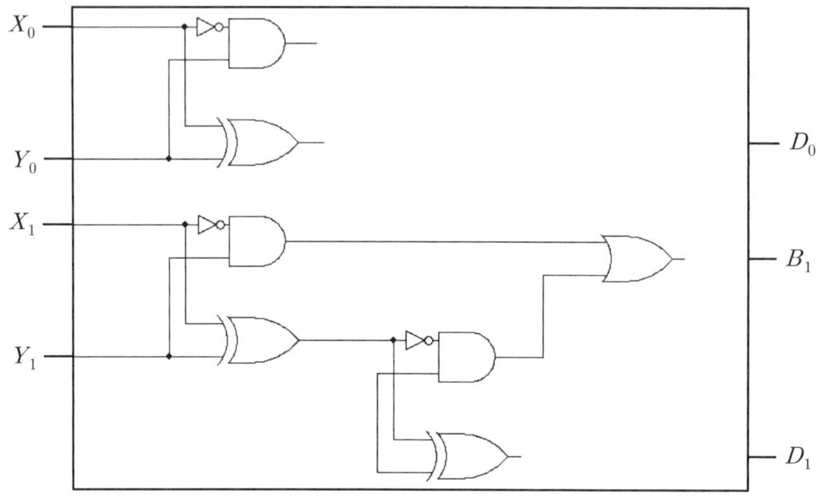

[그림 7.11] 2비트 병렬 감산기

(2) [그림 7.11] 회로도를 구성한 후, 실험적으로 〈표 7.5〉를 채워 넣어 2비트 감산기의 동작을 확인하시오.

〈표 7.5〉 2비트 병렬 감산기의 진리표

X_1	X_0	Y_1	Y_0	B_1	D_1	D_0
0	0	0	1			
0	1	0	1			
0	1	1	1			
1	0	1	0			
1	1	1	0			

제8장

2의 보수 가산기/감산기

8-1 부호가 있는 정수 표현

8-2 2의 보수 가산/감산

8-1 부호가 있는 정수 표현

2진수로 부호가 있는 정수를 표현할 때, 양수를 표현하는 방식은 한 가지이나 음수를 표현하는 방법에는 여러 가지 방법이 있다. 이 중에서 '부호+2의 보수' 방법이 주로 사용된다.

양수는 '부호+크기'의 형태로 표시되는데, +5를 8비트로 표시하면 다음과 같다.

```
00000101
↑
부호
```

'부호+2의 보수' 방법으로 음수인 −5를 8비트로 표시하는 과정은 다음과 같다.

```
5를 부호 없는 7비트의 2진수로 표시    : 0000101
0000101의 2의 보수를 취함             : 1111011
음수를 나타내는 부호 비트를 추가함    : 11111011
                                        ↑
                                      부호 비트
```

'부호+2의 보수' 방법을 사용할 때, 4비트로 표현될 수 있는 숫자의 범위를 다음 〈표 8.1〉에 보였다.

〈표 8.1〉 4비트 2의 보수 표현법

10진수	'부호+2의 보수' 표현
+7	0111
+6	0110
+5	0101
+4	0100
+3	0011
+2	0010
+1	0001
0	0000
−1	1111
−2	1110
−3	1101
−4	1100
−5	1011
−6	1010
−7	1001
−8	1000

예습문제

(1) 다음에 주어진 숫자를 8비트의 '부호 + 2의 보수' 형식으로 표현하시오.

ⓐ + 25 ⓑ − 64 ⓒ − 160

8-2 2의 보수 가산/감산

'부호+2의 보수' 형식으로 음수를 표현하면 두 수의 뺄셈을 덧셈으로 구할 수 있다.

18−7=11의 과정을 다음에 보였다. 18−7=18+(−7)로 변형한다.

```
         18      :      00010010
+)       −7      :      11111001
---------------------------------------
         11  =  합  =  [1]00001011 = +11₁₀
                        ↗  ↑
                     무시  양수
```

또 다른 예로 9−12 = 3의 과정을 다음에 보였다. 9−12 = 9+(−12)로 변형한다.

```
          9      :      00001001
+)      −12      :      11101100
---------------------------------------
          3  =  합  =  [1]1111101
                         └──────┘
                        ↓     ↓
                      음수   2의 보수 취함
                        ↓     ↓
                       −0000011= −3₁₀
```

일반적으로 $A-B$ 형태는 $A + (-B)$ 형태로 변형하고 $-B$를 '부호+B의 2의 보수'로 표현하면 뺄셈을 덧셈으로 구할 수 있다.

예습문제

(1) 15 - 21을 '부호+2의 보수' 표현을 사용하여 덧셈으로 과정을 보이시오.

〈실습자 준비물〉

(1) 데이터 시트: 7483A 4비트 2진 전가산기, 7432 2-입력 OR 게이트.

〈실 험〉

(1) 2의 보수 가산기와 감산기로 사용될 수 있는 논리회로를 다음 [그림 8.1]에 보였다.

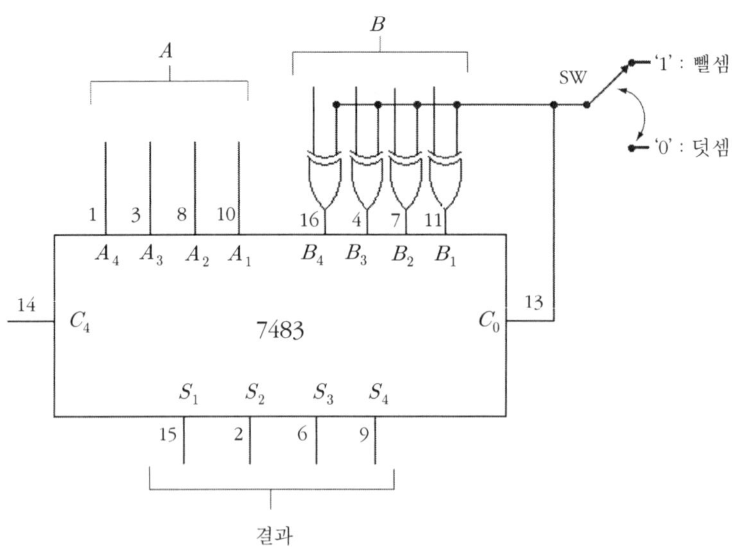

[그림 8.1] 7483을 이용한 가산기와 감산기 논리회로

- SW = 0일 때는 $A+B$ 연산을 수행하고, SW = 1일 때는 $A-B$ 연산을 수행한다.

[그림 8.1]의 논리회로를 구성한 후, 다음 〈표 8.2〉와 〈표 8.3〉의 빈 칸을 실험적으로 채워 넣고, 결과값이 맞는가 틀리는가를 확인하고, 틀린 경우 그 이유를 쓰시오.

〈표 8.2〉 $A+B$ 연산

SW	$A+B$		결과				결과의 십진수 표현	검토
	$A_4A_3A_2A_1$	$B_4B_3B_2B_1$	S_4	S_3	S_2	S_1		
	0 0 1 0	0 0 1 1						
	0 1 1 0	0 0 1 0						
	0 1 0 1	0 0 1 0						

〈표 8.3〉 $A-B$ 연산

SW	$A+B$		결과				결과의 십진수 표현	검토
	$A_4A_3A_2A_1$	$B_4B_3B_2B_1$	S_4	S_3	S_2	S_1		
	0 1 1 0	0 1 0 0						
	0 0 1 1	0 1 1 1						
	0 0 0 0	0 1 1 1						

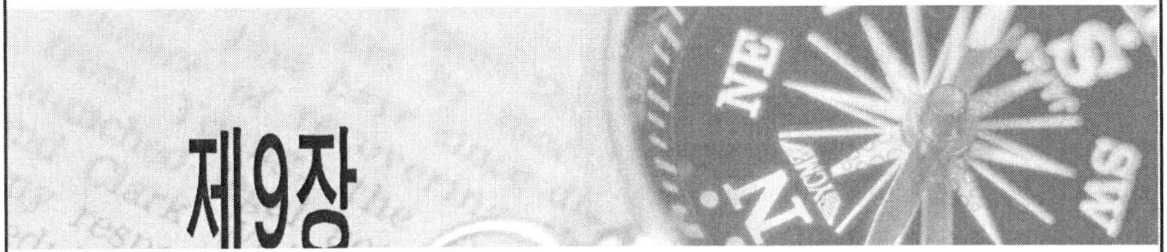

제9장

디코더와 인코더

9-1 디 코 더

'복호기'라고도 부르는 디코더(decoder)는 어떤 코드(2진, BCD, 16진, …)를 입력으로 받아, 그것의 수값을 표현하는 하나의 출력을 활성화시키는 회로이다. 어떤 2진수를 나타내는 입력을 받아서 그 입력 숫자에 대응되는 하나의 출력만을 활성화하고, 다른 모든 출력은 활성화되지 않은(inactive) 상태로 유지시키는 회로(그림 9.1)를 그 한 예로 들 수 있다.

예습문제

(1) 1 of 8 디코더 회로의 입력단자의 갯수는 몇 개인가?

(2) BCD-to-10진 디코더의 입력단자와 출력 단자는 각각 몇 개인가?

(3) 74138 디코더의 IC의 Enable 단자의 갯수는 몇 개인가?

(4) 74138 디코더 IC가 Enable 상태가 되게 하는 입력값의 조합을 보이시오.

〈실습자 준비물〉

(1) 데이터 시트: 7404 NOT 게이트, 7408 AND 게이트, 74138 디코더

〈실 험〉

(1) [그림 9.1]과 같이 입력단자 2개와 출력단자 4개를 갖는 2선-4선(1 of 4) 디코더 회로를 구성하여 실험 결과를 보이시오.

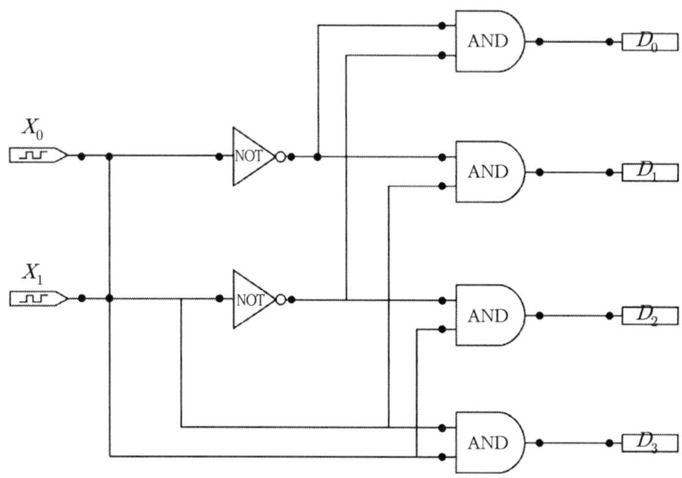

[그림 9.1] 2선-4선 디코더

X_1	X_0	D_3	D_2	D_1	D_0
0	0	1	0	0	0
0	1	0	1	0	0
1	0	0	0	1	0
1	1	0	0	0	1

(2) 상용 3-to-8 디코더 칩 74138을 이용하여 4-to-16 디코더 회로를 구현한 후, 실험 결과를 정리하여 동작원리를 설명하시오(74138 핀 배열 그림을 찾아 붙이시오).

9-2 인 코 더

'부호기'라고도 부르는 인코더(encoder)는 디코더의 반대 기능을 수행하는 회로이다. 하나의 활성화된 입력단자에 할당된 수치값을 특정 형식으로 코드화한 출력을 생성하는 회로이다.

4개의 입력단자에 십진수 0, 1, 2, 3이 각각 할당되고, 4개의 입력단자 중 어느 하나가 활성화되면, 활성화된 단자에 할당된 십진수가 2진수로 코드화되어 출력되는 인코더 회로를 [그림 9.2]에 보였다.

예습문제

(1) 8진-to-2진 인코더 회로의 출력단자의 갯수는 몇 개인가?

(2) 10진-to-BCD 인코더의 입력단자와 출력단자는 각각 몇 개인가?

(3) 74148 인코더 IC의 $\overline{GS}$ 단자는 언제 활성상태가 되는가?

(4) 74148 인코더 IC의 $\overline{EO}$ 단자는 언제 활성상태가 되는가?

(5) [그림 9.2]는 우선순위 인코더 74148 두 개를 사용하여 16진수(0~F)를 2진수로 인코딩하는 회로다. 16진수 B(십진수 11)과 16진수 3이 인코드되는 과정을 [그림 9.2] 위에 각각 표시하여 인코딩된 결과를 보이시오.

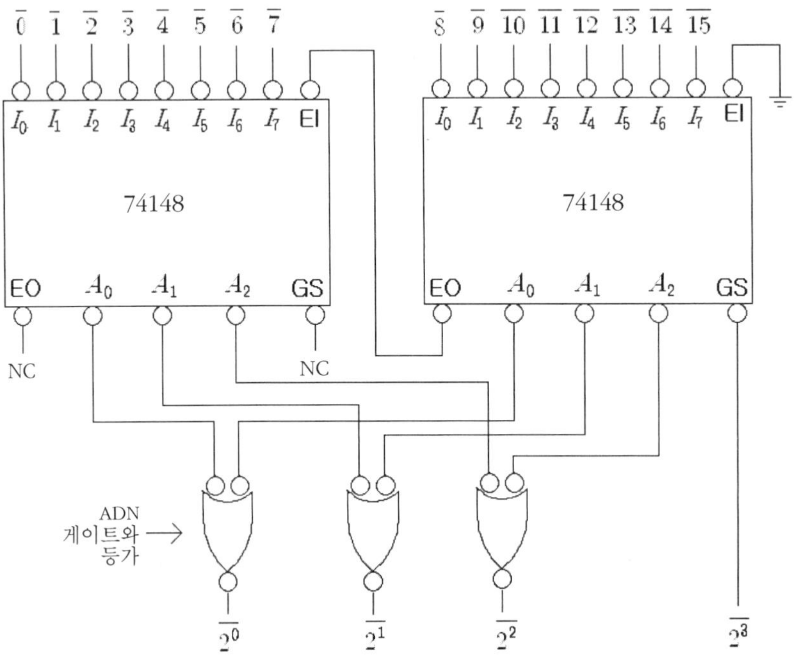

[그림 9.2] 16선-4선(16진-to-4진) 인코더

〈실습자 준비물〉

(1) 데이터 시트 : 7432 OR 게이트, 74148 인코더

〈실 험〉

(1) [그림 9.3]과 같이 입력단자 4개와 출력단자 2개를 갖는 4선-2선 인코더 회로를 구성한 후, 실험결과를 정리하여 동작원리를 설명하시오.

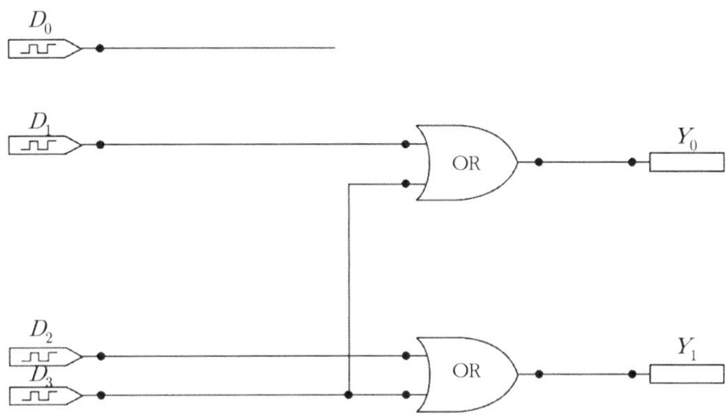

[그림 9.3] 4선-2선(4진-to-2진) 인코더

D_0	D_1	D_2	D_3	Y_0	Y_1
1	0	0	0	0	0
0	1	0	0	1	0
0	0	1	0	0	1
0	0	0	1	1	1

(2) 8-to-3(8선-3선) 우선순위(priority) 인코더(74148)를 이용하여 우선순위가 의미하는 바를 실험적으로 설명하시오. (74148 핀 배열 그림을 찾아 붙이시오)

9-3 BCD-to-7_Segment 디코더

BCD-to-7_Segment 디코더는 4 비트로 표현되는 BCD(Binary Coded Decimal) 한 자리수를 입력으로 받아 7_segment LED에 해당 십진수 값을 표시하도록 출력을 생성하는 회로이다.

예습문제

(1) 7447 BCD-to-7_Segment의 출력은 open collector형이다.(o / x)

(2) SR-1056A FND(Flexible Numerical Display)는 common cathode형이다. (o / x)

〈실습자 준비물〉

(1) 데이터 시트: 7447 BCD-to-7_Segment 디코더, SR-1056A FND

〈실 험〉

(1) 7447 디코더를 이용하여 7-세그먼트 LED(SR-1056A)를 구동하는 회로를 구성한 후, 0~9까지의 출력을 보이시오.

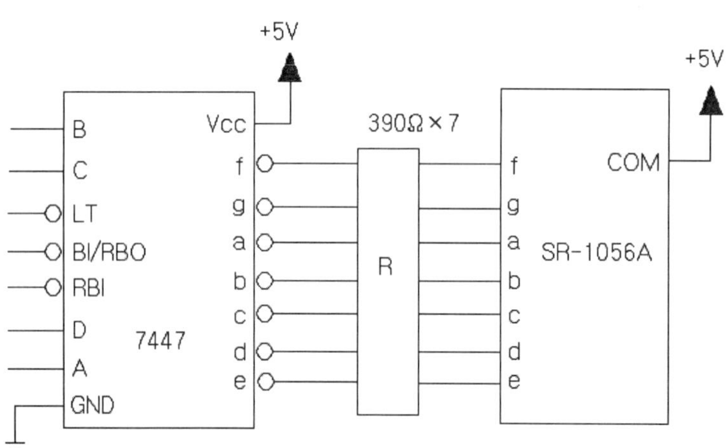

[그림 9.4] BCD-to-7-세그먼트 디코더

(2) 〔**시뮬레이션**〕 *[그림 9.5]의 Common Cathode 7-세크먼트 LED를 구동할 수 있는 BCD-to-7-세그먼트 LED 디코더를 설계하고, 시뮬레이션을 통해 회로 동작을 검증하시오.*

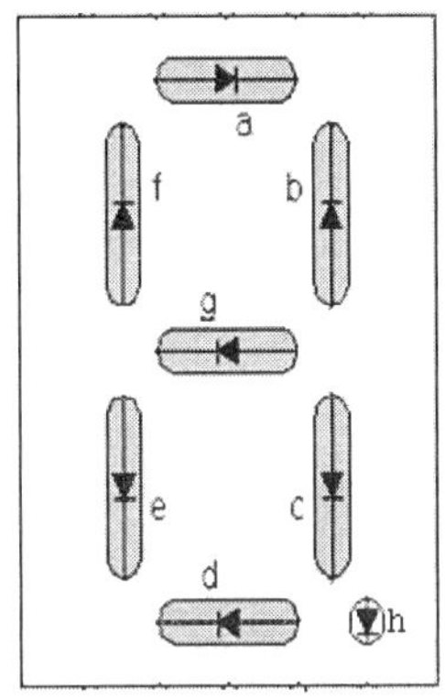

[그림 9.4] Common Cathode 7-세크먼트 LED

(3) 7447디코더를 이용하여 7-세그먼트 LED(SR-1056A)를 구동할 때 0에 해당하는 입력이 들어 왔을 때, 7-세그먼트 LED의 램프가 모두 꺼지고 1~9까지의 해당하는 입력만 출력에 보이도록 회로를 구현하여 보시오.

제10장

멀티플렉서와 디멀티플렉서

10-1　멀티플렉서

10-2　디멀티플렉서

10-3　멀티플렉서와 디멀티플렉서 응용

10-1 멀티플렉서

멀티플렉서(multiplexer)는 2개 이상의 디지털 입력 데이터 중에서 하나를 선택하여 출력으로 연결하는 논리회로이며 데이터 선택기라고도 한다. 다음 [그림 10.1]은 8개의 입력단자를 갖는 멀티플렉서의 개념도이다.

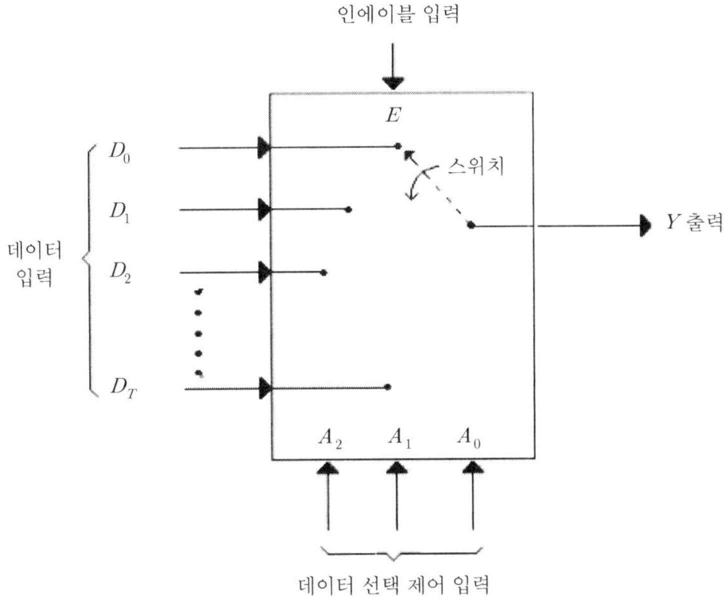

[그림 10.1] 멀티플렉서의 개념도

데이터 선택 제어 입력에 가해지는 2진값에 의해 선택되는 8개 중 하나의 데이터 입력단자가 출력 Y로 연결된다. 인에이블(enable) 입력은 스트로브(strobe) 입력이라고도 하며, 인가되는 신호값에 따라 멀티플렉서를 동작 가능한 상태(enable) 혹은 동작 불능상태(disable)로 만든다.

예습문제

(1) 8 × 1 멀티플렉서 회로의 입력단자와 출력단자는 각각 몇 개인가? (enable 입력단자는 제외할 때)

(2) 74153 멀티플렉서 IC의 데이터 선택 제어 입력단자와 enable 입력단자는 각각 몇 개인가?

(3) 74153 멀티플렉서 IC에서 데이터 입력 단자 중 6번핀을 선택하여 출력하게 하기 위해서 스트로브 단자와 데이터 선택 제어 입력단자에 가해져야 하는 값의 조합을 보이시오.

〈실습자 준비물〉

(1) 데이터 시트 : 7404 NOT게이트, 7411 3입력 AND게이트, 7432 2입력 OR게이트, 74153 데이터 셀렉터

〈실 험〉

(1) [그림 10.2]와 같은 4×1 멀티플렉서 회로를 구성하여 멀티플렉서의 기능을 실험적으로 확인하시오.

(2) 74153 멀티플렉서 칩을 이용하여 4×1 멀티플렉서 기능을 실험적으로 확인한 후, 실험결과를 위에 구성한 4×1 멀티플렉서 실험결과와 비교하여 보시오. (74153 핀 배열 그림을 찾아 붙이시오.)

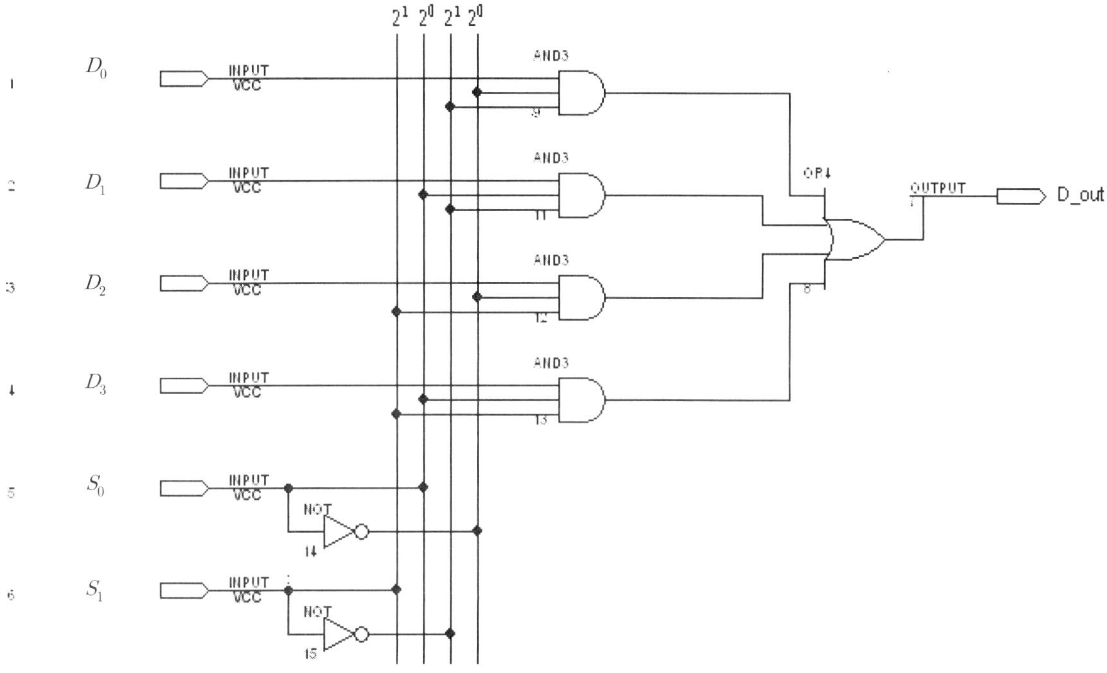

[그림 10.2] 4×1 멀티플렉서 회로도

10-2 디멀티플렉서

디멀티플렉서(demultiplexer)는 멀티플렉서와는 반대의 기능을 하는 소자로 하나의 입력을 받아들여 여러 출력 중의 하나로 데이터 입력을 전달한다. 다음 [그림 10.3]은 8개의 출력선을 갖는 디멀티플렉서의 개념도이다.

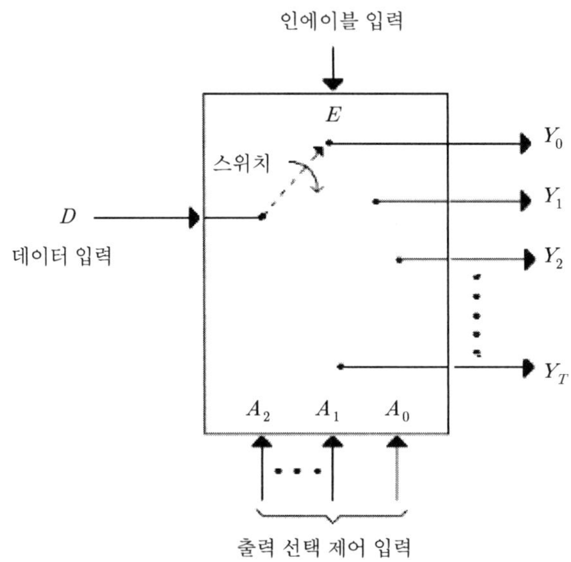

[그림 10.3] 디멀티플렉서 개념도

출력 선택 제어 입력에 가해지는 2진값에 의해 선택되는 8개 중의 하나의 출력 Y로 입력 데이터가 전달된다.

예습문제

(1) 1 × 16 디멀티플렉서 회로의 출력 선택 제어 입력단자와 출력단자는 각각 몇 개인가? (enable 입력단자는 제외할 때)

(2) 74139 2-to-4 Line Decoder를 디멀티플렉서로 활용하는 방법을 간단히 기술하여 보시오.

〈실습자 준비물〉

(1) 데이터 시트: 7404 NOT게이트, 7411 3입력 AND게이트, 74139 2-to-4 Line 디코더.

〈실 험〉

(1) 다음 [그림 10.4]와 같은 1×4 디멀티플렉서 회로를 구성하여 보시오.

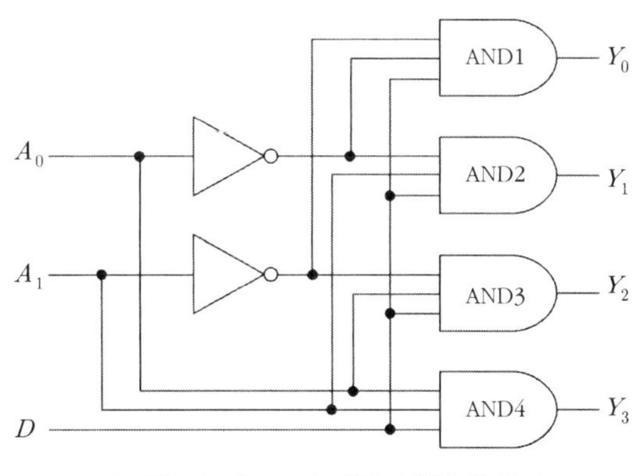

[그림 10.4] 1×4 디멀티플렉서 회로

(2) 74139 2-to-4 디코더 칩을 활용하여 1×4 디멀티플렉서 회로를 구성하여 본 후, 결과를 [그림 10.4]에 구성한 1×4 디멀티플렉서 회로와 비교하여 보시오. (74139 핀 배열 그림을 찾아 붙이시오.)

10-3 멀티플렉서와 디멀티플렉서 응용

74153 멀티플렉서는 4개의 데이터 중 한 개의 데이터를 선택하여 출력하는 역할을 한다. 74139는 디코더이지만 디멀티플렉서로 전용할 수 있다. 멀티플렉서와 디멀티플렉서를 직렬로 연결하면 4×4 스위치로 사용할 수 있다.

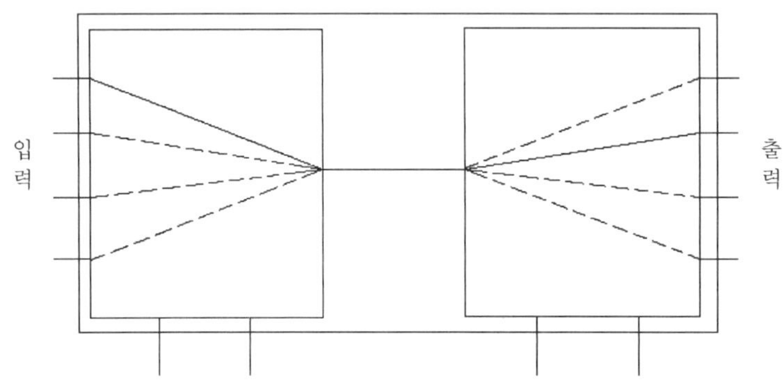

[그림 10.5] 4×4 스위치

예습문제

(1) 74139 2-to-4 Line Decoder IC의 enble 입력단자는 active LOW 이다. (o / x)

(2) 74139 2-to-4 Line Decoder IC의 출력단자는 active LOW 이다. (o / x)

(3) 74139 2-to-4 Line Decoder IC를 디멀티플렉서로 활용할 때, 데이터 입력단자로 몇 번 핀을 사용하는가?

(4) 74153 멀티플렉서 IC의 출력은 active LOW 이다. (o / x)

〈실습자 준비물〉

(1) 데이터 시트 : 74139 2-to-4 Line 디코더, 74153 데이터 셀렉터.

〈실 험〉

(1) **〔시뮬레이션〕** *앞에서 구성한 4 × 1 멀티플렉서 회로(그림 10.2)와 1×4 디멀티플렉서 회로(그림 10.4)를 이용하여 4개의 입력 중 어느 하나가 4개의 출력 중 어느 하나로 출력 될 수 있는 4 × 4 스위치 회로를 구성한 후, 선택 제어 신호를 사용하여 스위치로 동작할 수 있음을 보이시오.*

(2) 74153 멀티플렉서 IC와 741392-to-4 Line Decoder IC(디멀티플렉서로 활용)를 이용하여 4개의 입력 중 어느 하나가 4개의 출력 중 어느 하나로 출력될 수 있는 4×4 스위치 회로를 구성한 후, 선택 제어 신호를 사용하여 스위치로 동작할 수 있음을 실험적으로 보이시오.

제11장

래치 및 게이트형 플립플롭

11-1 *SR* 래치

SR 래치는 입력단자 *S*와 *R*의 값에 따라 출력을 변화시키거나 이전 상태를 유지하는 기억소자이다.

[그림 11.1]에 보인 것처럼 *SR* 래치 회로를 구성하는 방법에는 2개의 NAND 게이트를 사용하는 방법과 2개의 NOR 게이트를 사용하는 방법이 있다.

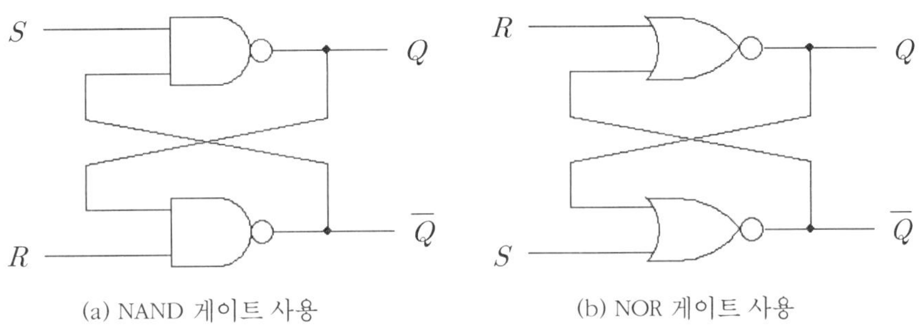

[그림 11.1] *SR* 래치 회로

래치는 두 개의 안정된 상태('0' 또는 '1') 중의 하나의 상태를 기억하는 1비트 기억소자로 정의 된다. 따라서 입력단자 *S*와 *R*에서 사용되어서는 않되는 금지입력이 존재한다.

SR 래치의 사용자는 금지입력을 *S*와 *R*단자에 가해서는 안된다. 금지된 입력이 가해지면 *Q*와 $\overline{Q}$의 값이 같은 값을 갖게 되어 정의에 위배되는 값을 갖게되기 때문이다.

〈표 11.1〉에 NAND 게이트로 구성된 *SR* 래치의 진리표를 보였으며, 〈표 11.2〉에 NOR 게이트로 된 *SR*래치의 진리표를 보였다.

〈표 11.1〉 NAND 게이트 SR 래치의 진리표

S	R	$Q(t+1)$	$\overline{Q(t+1)}$	비 고
0	0	1	1	금지된 입력
0	1	1	0	Set
1	0	0	1	Reset
1	1	$Q(t)$	$\overline{Q(t)}$	이전 상태 유지

〈표 11.2〉 NOR 게이트 SR 래치의 진리표

S	R	$Q(t+1)$	$\overline{Q(t+1)}$	비 고
0	0	$Q(t)$	$\overline{Q(t)}$	이전 상태 유지
0	1	0	1	Reset
1	0	1	0	Set
1	1	0	0	금지된 입력

〈표 11.1〉과 〈표 11.2〉에서 각각 입력 S와 R에 따른 출력 Q와 $\overline{Q}$의 변화를 관찰 하면 〈표 11.1〉의 입력단자 S와 R는 active low 단자이고, 〈표 11.2〉의 입력단자 S와 R는 active high 단자이다.

예습문제

(1) NAND 게이트로 구성된 SR 래치의 입력단자 S와 R에 금지된 입력인 '0'과 '0'이 가해지면 출력 Q와 $\overline{Q}$는 어떤값을 갖는가? 그리고 금지된 입력으로 지정된 이유를 설명하시오.

〈실습자 준비물〉

(1) 데이터 시트: 7400 2입력 NAND 게이트, 7402 2입력 NOR 게이트

〈실 험〉

(1) 다음 [그림 11.2]의 회로를 구성한 후 실험적으로 〈표 11.3〉의 빈 칸을 채우시오. 실험은 〈표 11.3〉의 실험순서를 따라서 하시오.

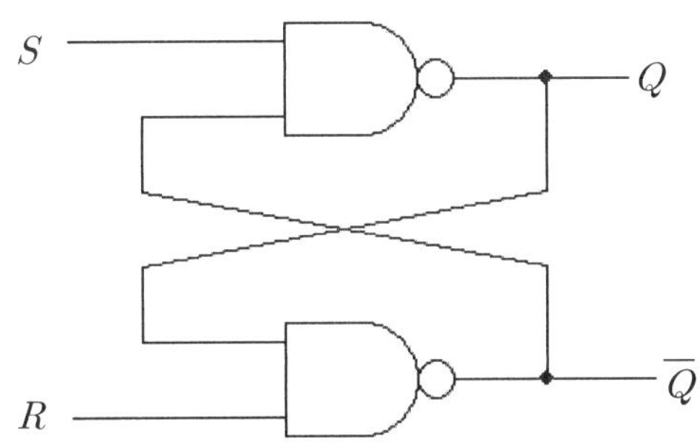

[그림 11.2] NAND 게이트로 구성된 SR 래치

〈표 11.3〉 NAND 게이트로 구성된 SR 래치의 진리표

<table>
<tr><th>실험순서</th><th>S</th><th>R</th><th>Q</th><th>$\overline{Q}$</th></tr>
<tr><td>1</td><td>1</td><td>1</td><td></td><td></td></tr>
<tr><td>2</td><td>0</td><td>1</td><td></td><td></td></tr>
<tr><td>3</td><td>1</td><td>1</td><td></td><td></td></tr>
<tr><td>4</td><td>1</td><td>0</td><td></td><td></td></tr>
<tr><td rowspan="2">5</td><td colspan="2">금지된 입력</td><td rowspan="2"></td><td rowspan="2"></td></tr>
<tr><td>0</td><td>0</td></tr>
</table>

- 〈표 11.3〉의 입력단자 S와 R은 active low 단자인가, active high 단자인가? 〈표 11.3〉의 값을 참조하여 그 이유를 간단히 설명하시오.

(2) 다음 [그림 11.3]의 회로를 구성한 후 실험적으로 〈표 11.4〉의 빈 칸을 채우시오. 실험은 〈표 11.4〉의 실험순서를 따라서 하시오.

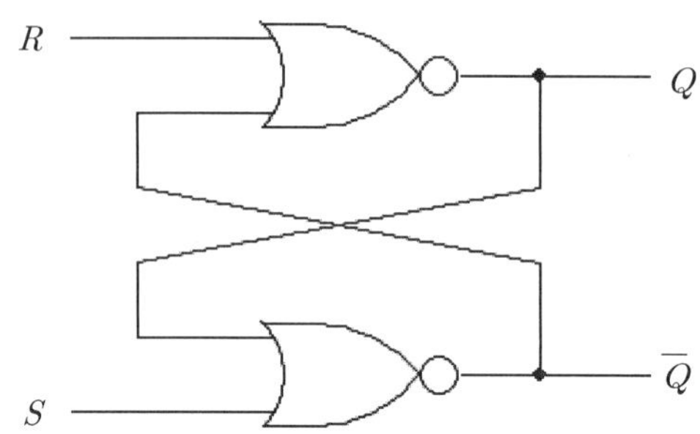

[그림 11.3] NOR 게이트로 구성된 SR 래치

〈표 11.4〉 NOR 게이트로 구성된 SR 래치의 진리표

<table>
<tr><th>실험순서</th><th>S</th><th>R</th><th>Q</th><th>$\overline{Q}$</th></tr>
<tr><td>1</td><td>0</td><td>0</td><td></td><td></td></tr>
<tr><td>2</td><td>1</td><td>0</td><td></td><td></td></tr>
<tr><td>3</td><td>0</td><td>0</td><td></td><td></td></tr>
<tr><td>4</td><td>0</td><td>1</td><td></td><td></td></tr>
<tr><td rowspan="2">5</td><td colspan="2">금지된 입력</td><td rowspan="2"></td><td rowspan="2"></td></tr>
<tr><td>1</td><td>1</td></tr>
</table>

- 〈표 11.4〉의 입력단자 S와 R은 active low 단자인가, active high 단자인가? 〈표 11.4〉의 값을 참조하여 그 이유를 간단히 설명하시오.

11-2 게이트형 *RS* 및 *D*플립플롭

NOR 게이트로 구성된 *SR* 래치는 [그림 11.4]와 같이 Enable 제어단자를 갖는 래치로 확장할 수 있다. 입력 *SR*의 가용성 여부가 Enable 단자에 의해 제어된다는 의미에서 게이트형 플립플롭으로도 부른다.

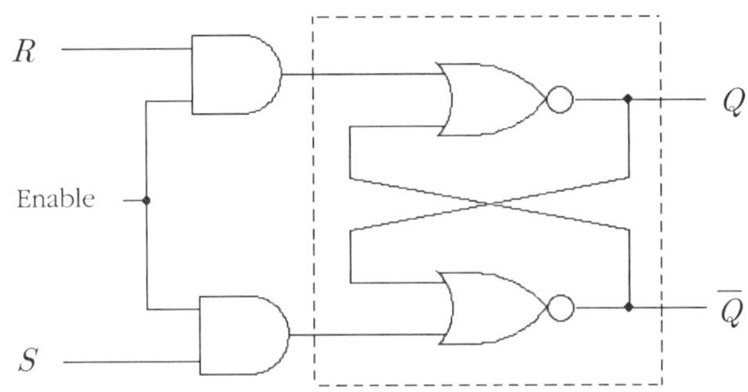

[그림 11.4] 게이트형 *SR* 플립플롭

Enable 단자의 값이 '0'이면 *S*와 *R* 단자값에 관계없이 *Q*값은 이전상태를 그대로 유지한다. Enable 단자의 값이 '1'이면 확장 이전의 *SR* 래치와 동일하게 동작한다.

[그림 11.4]를 심볼로 나타내면 [그림 11.5]와 같다.

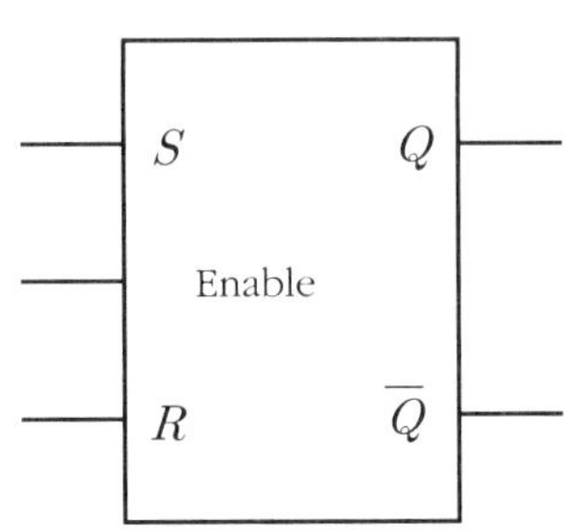

[그림 11.5] 게이트형 *SR* 플립플롭의 심볼

게이트형 *SR* 플립플롭을 다음 [그림 11.6]과 같이 변형하면 게이트형 *D*플립플롭이 된다.

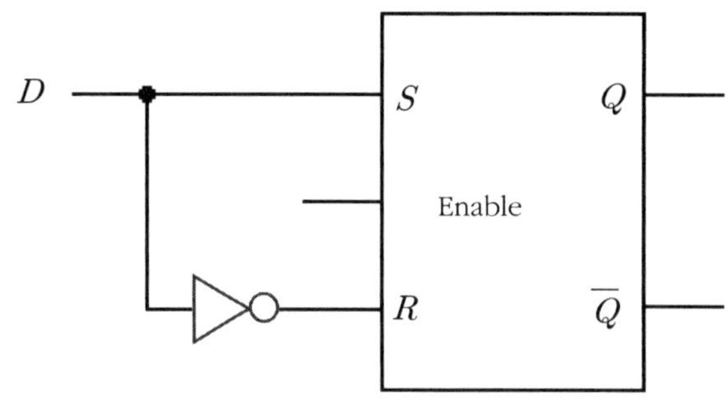

[그림 11.6] 게이트형 D플립플롭 구현

예습문제

(1) NAND 게이트로 구성된 SR 래치를 게이트형 SR 플립플롭으로 확장한 회로도를 그리시오.

(2) 문제(1)의 답인 게이트형 SR 플립플롭에서 입력단자 S와 R은 active high 단자인가, active low 단자인가?

〈실습자 준비물〉

(1) 데이터 시트: 7400 2입력 NAND 게이트, 7404 NOT게이트

〈실 험〉

(1) 다음 [그림 11.7]의 회로를 구성한 후 실험적으로 〈표 11.5〉의 빈 칸을 채우시오.

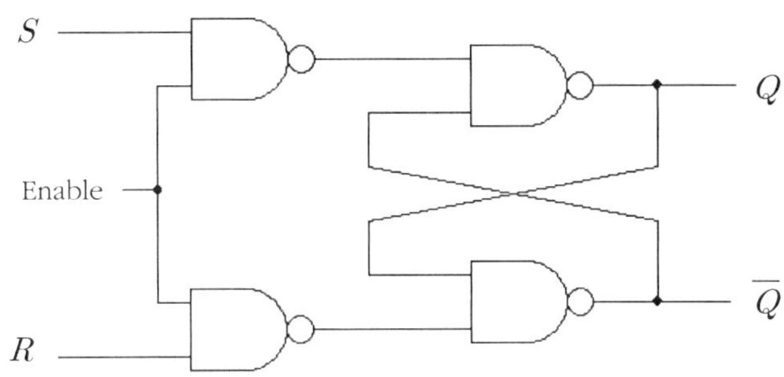

[그림 11.7] NAND 게이트를 이용한 게이트형 SR 플립플롭

〈표 11.5〉 NAND 게이트를 이용한 게이트형 SR 플립플롭의 진리표

번 호	Enable	S	R	Q	$\overline{Q}$	비 고
1	0	0	0	Q	$\overline{Q}$	hold
2	0	0	1			
3	0	1	0			
4	0	1	1			
5	1	0	0			
6	1	0	1			
7	1	1	0			
8	1	1	1			

- [그림 11.7]의 입력단자 S와 R은 active low 단자인가, active high 단자인가?

(2) 실험(1)의 결과 〈표 11.5〉에서 번호 2, 3, 6, 7행의 경우만 발생하도록 [그림 11.7]의 회로를 수정하고자 한다. 다음 [그림 11.8]에 수정할 내용을 그려 넣으시오.

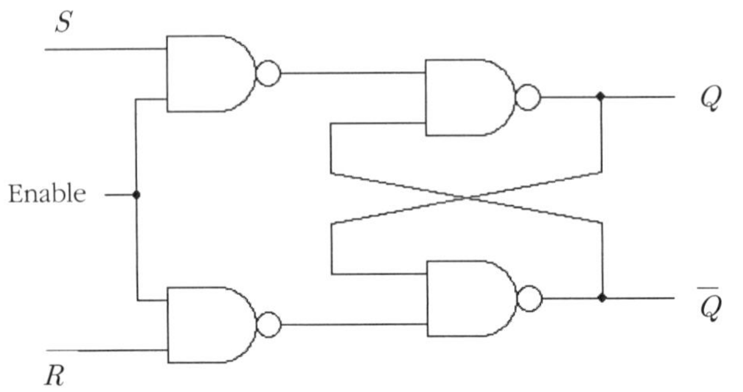

[그림 11.8] NAND 게이트를 이용한 게이트형 SR 플립플롭의 응용

- 위의 수정된 회로를 무엇이라고 부르는가?

제12장

에지 트리거 플립플롭

[그림 12.1]의 게이트형 SR 플립플롭은 Enable 단자가 '1'일 때, 입력단자 S와 R의 영향이 출력 Q에 전달된다.

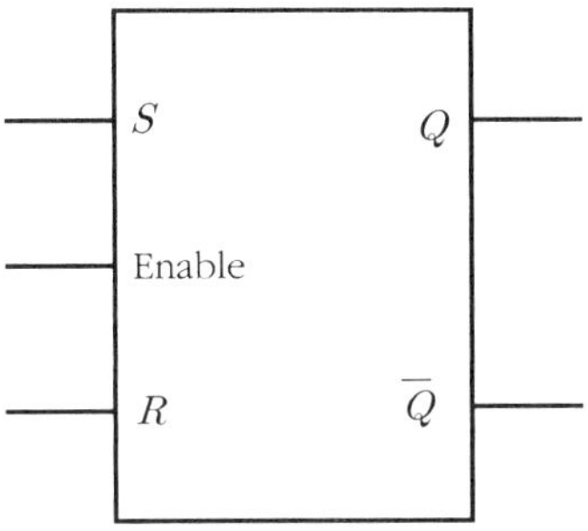

[그림 12.1] 게이트형 SR 플립플롭의 블록도

Enable 단자에 시스템 클럭 펄스를 연결했을 경우, 클럭 펄스가 '1'인 구간에서 입력 S와 R에 반응하여 출력 Q값이 결정되고, '0'인 구간에서는 출력 Q값은 입력 S와 R에 관계없이 이전 상태를 유지한다. 그러므로 게이트형 플립플롭은 클럭 펄스에 동기되는 디지털 시스템 구성에 사용될 수 있다.

그러나 게이트형 플립플롭은 클럭 펄스가 '1'인 구간 동안, 입력 S와 R이 변화하면 출력 Q값이 따라서 즉시 변화하는 단점이 있어 동기 시스템에 오류를 발생시킬 수 있다.

클럭 펄스 1주기 동안 특정 입력에 대해 출력 Q값이 한번 정해지면 그 주기 동안 입력이 변화해도 출력이 변화되지 않아야 디지털 동기 시스템의 구성소자로 적합하다. 게이트형 플립플롭의 이러한 단점을 개선한 것이 에지 트리거 플립플롭(edge trigger flip flop)이다.

에지 트리거 플립플롭은 클럭 펄스의 레벨값에 반응하는 게이트형 플립플롭과 달리 [그림 12.2]에 보인 클럭 펄스의 변화지점인 상승 에지 또는 하강 에지에 반응하도록 설계되었다. 즉, 어떤 구간이 아닌 한 지점에 동기되어 그 순간의 입력 S와 R의 값에 의해 출력 Q값이 결정된다는 의미이다.

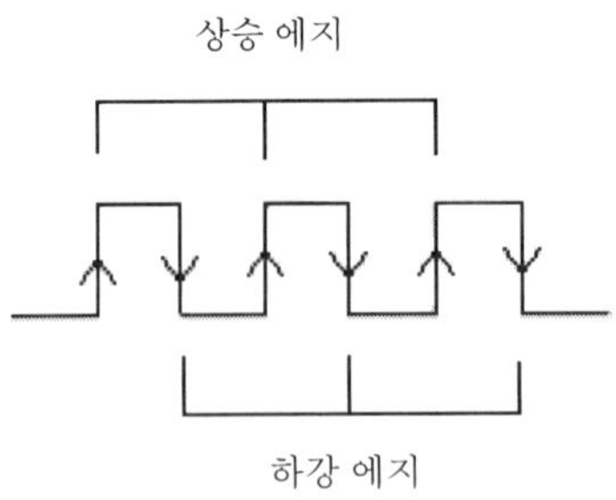

[그림 12.2] 클럭 펄스의 에지

[그림 12.3](a)에 상승 에지 *JK* 플립플롭의 심볼을 보였고, [그림 12.3](b)에 하강 에지 *JK* 플립플롭의 심볼을 보였다.

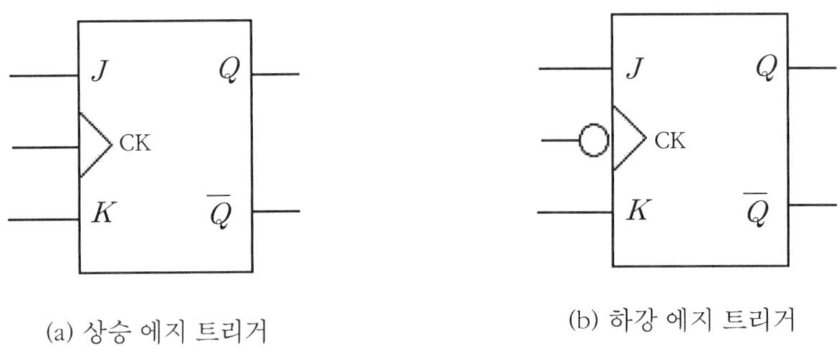

[그림 12.3] 에지 트리거 *JK* 플립플롭 심볼

[그림 12.3]의 심볼에서 클럭 입력에 작은 삼각형 표시가 에지 트리거임을 나타내는 표시이고, 여기에 작은 동그라미가 없으면 상승 에지에 동작하고, 작은 동그라미가 있으면 하강 에지에 동작한다는 것을 의미한다.

[그림 12.3] (a)의 동작 특성표는 〈표 12.1〉 (a)에 보였고 [그림 12.3] (b)의 동작 특성표는 〈표 12.1〉 (b)에 보였다.

〈표 12.1〉 에지트리거 JK 플립플롭

(a) 상승 에지 트리거

입력			출력		비고
CK	J	K	Q	$\overline{Q}$	
↓	0	0	Q	$\overline{Q}$	Hold
↓	1	0	1	0	Set
↓	0	1	0	1	Reset
↓	1	1	$\overline{Q}$	Q	Toggle

(b) 하강 에지 트리거

입력			출력		비고
CK	J	K	Q	$\overline{Q}$	
↓	0	0	Q	$\overline{Q}$	Hold
↓	1	0	1	0	Set
↓	0	1	0	1	Reset
↓	1	1	$\overline{Q}$	Q	Toggle

에지 트리거 JK 플립플롭을 T 플립플롭으로 변형하면 다음 [그림 12.4]와 같다.

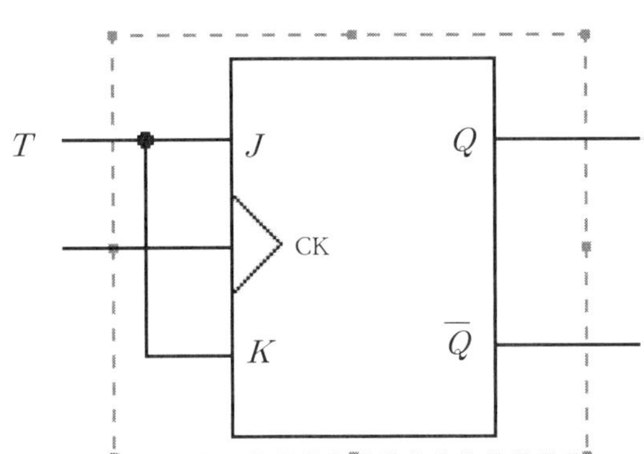

[그림 12.4] 에지 트리거 T 플립플롭

에지 트리거 SR 플립플롭을 D플립플롭으로 변형하면 다음 [그림 12.5]와 같다.

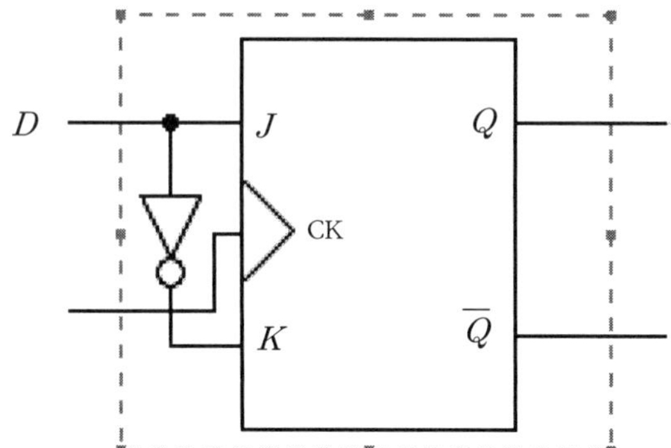

[그림 12.5] 에지 트리거 D 플립플롭

예습문제

(1) 상승 에지 트리거 SR 플립플롭의 동작 특성표를 작성하시오. (표 12.1을 참조)

(2) 하강 에지 트리거 T 플립플롭의 동작 특성표를 작성하시오.

(3) 상승 에지 트리거 D 플립플롭의 동작 특성표를 작성하시오.

(4) 7476과 74LS76은 JK 플립플롭이다. 이 두 IC칩의 차이점은 무엇인가?

〈실습자 준비물〉

(1) 데이터 시트: 74LS76 하강 에지 트리거 플립플롭

〈실 험〉

(1) 다음은 하강 에지 트리거 JK 플립플롭(74LS76)의 심볼이다.

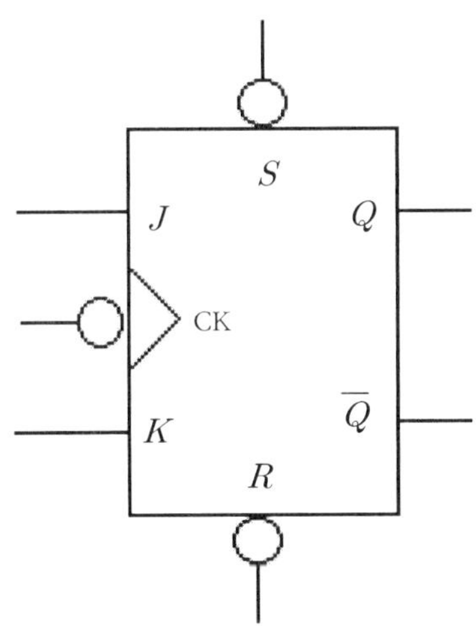

[그림 12.6] 74LS76의 심볼

- 74LS76 칩을 브레드 보드에 위치시킨 후 다음 〈표 12.2〉의 입력을 가하여 출력 Q 와 $\overline{Q}$의 값을 빈 칸에 채워 넣으시오. 비고의 빈 칸도 적절한 단어로 채워 넣으시오.

〈표 12.2〉 74LS76의 동작 특성표

입 력					출 력		비 고
S	R	CK	J	K	Q	$\overline{Q}$	
1	0	X	X	X			비동기 Reset
1	1	↓	1	1			
1	1	↓	1	1			
0	1	X	X	X			
1	1	↓	0	1			
1	1	↓	1	0			

- 〈표 12.2〉의 비고의 비동기 Reset이란 무슨 의미인가?

제13장

비동기 카운터

13-1 3비트 2진 비동기 업 카운터

13-2 3비트 2진 비동기 다운 카운터

13-1 3비트 2진 비동기 업 카운터

카운터는 입력 펄스의 갯수를 세는 역할을 한다. 3비트 2진 업 카운터는 [그림 13.1]에 보인 것처럼 3개의 플립플롭으로 구성된다. 모든 플립플롭은 입력 J, K가 각각 '1', '1'로 고정되어 있으므로 클럭 입력 단자에 클럭의 하강 모서리가 가해지면 각 플립플롭의 출력값이 반전된다.

여기서 비동기라 함은 각 플립플롭의 클럭 입력단자가 하나의 입력 클럭에 의해 구동되지 않는다는 것을 의미한다. 플립플롭 0의 클럭 입력단자는 직접 입력 클럭에 의해 구동되지만, 플립플롭 1의 클럭 입력단자는 플립플롭 0의 출력값(Q_0)에 의해, 플립플롭 2의 클럭 입력단자는 플립플롭 1의 출력값(Q_1)에 의해 구동되는 점에 유의해야 한다.

즉 입력 클럭이 플립플롭을 통과하여 다음 단의 플립플롭으로 전파되는 것으로 볼 수 있으며, 이를 물결이 출렁이며 전달되는 모습과 같다하여 리플이라는 용어를 사용하며, 비동기 카운터를 리플 카운터라고도 하는 이유다.

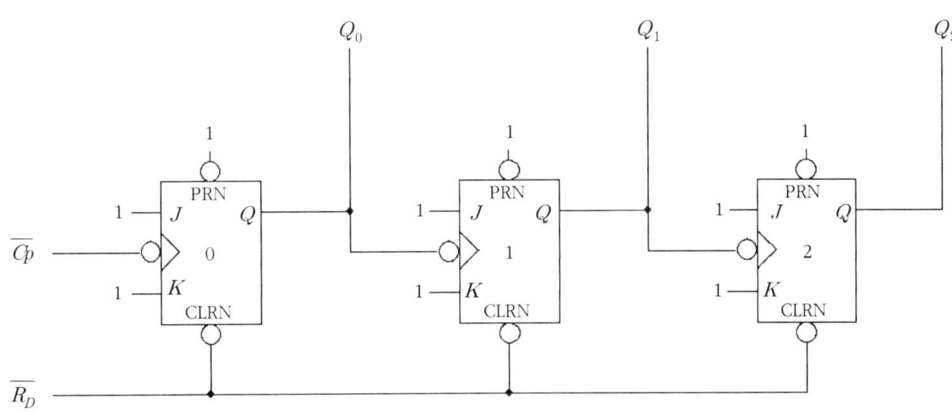

[그림 13.1] 3비트 2진 비동기 업 카운터

3비트 2진 비동기 업 카운터는 입력 클럭이 계속 가해지면 $Q_2 Q_1 Q_0$=000에서, 001, 010, ..., 111, 000, 001, ... 으로 순환된다. 플립플롭 0의 출력단자는 〈표 13.1〉에 보인 것처럼, 입력 클럭의 하강 모서리('1'에서 '0'으로 변하는 순간)에 동기되어 '0'과 '1'을 교대로 갖는다.

플립플롭 0의 출력단자는 플립플롭 1의 클럭 입력단자에 연결되어 클럭 입력으로 작동한다. 플립플롭 0의 출력단자에 나타나는 출력값은 클럭 펄스 형태를 이루는데, 이 펄스의 하강 모서리에서 플립플롭 1의 출력값이 반전되기 때문에 카운트 업 동작을 하게 되는 것이다.

마찬가지로 플립플롭 1의 출력단자가 플립플롭 2의 클럭 입력단자에 연결되어 동작하는 것도 같은 원리이다.

〈표 13.1〉 3비트 2진 업 카운터의 출력값

<table>
<tr><th>카운트 방향</th><th>Q_2</th><th>Q_1</th><th>Q_0</th><th>CK</th></tr>
<tr><td rowspan="16">↓</td><td rowspan="2">0</td><td rowspan="2">0</td><td rowspan="2">0</td><td>0</td></tr>
<tr><td>1</td></tr>
<tr><td rowspan="2">0</td><td rowspan="2">0</td><td rowspan="2">1</td><td>0</td></tr>
<tr><td>1</td></tr>
<tr><td rowspan="2">0</td><td rowspan="2">1</td><td rowspan="2">0</td><td>0</td></tr>
<tr><td>1</td></tr>
<tr><td rowspan="2">0</td><td rowspan="2">1</td><td rowspan="2">1</td><td>0</td></tr>
<tr><td>1</td></tr>
<tr><td rowspan="2">1</td><td rowspan="2">0</td><td rowspan="2">0</td><td>0</td></tr>
<tr><td>1</td></tr>
<tr><td rowspan="2">1</td><td rowspan="2">0</td><td rowspan="2">1</td><td>0</td></tr>
<tr><td>1</td></tr>
<tr><td rowspan="2">1</td><td rowspan="2">1</td><td rowspan="2">0</td><td>0</td></tr>
<tr><td>1</td></tr>
<tr><td rowspan="2">1</td><td rowspan="2">1</td><td rowspan="2">1</td><td>0</td></tr>
<tr><td>1</td></tr>
</table>

예습문제

(1) 비동기 카운터가 리플 카운터라는 별명으로 불리는 이유는?

(2) 4비트 2진 비동기 업 카운터를 구성하는 데 필요로 하는 JK 플립플롭의 갯수는 몇 개인가?

(3) 비동기 카운터를 구성하는 JK 플립플롭들의 입력단자 J, K에는 각각 어떤 값을 인가해야 하는가?

(4) 〈표 13.1〉을 참조하여 답하시오. 플립플롭 0의 출력값이 플립플롭 1의 클럭 입력단자에 가해진다. 플립플롭 1의 출력값을 '0'에서 '1' 또는 '1'에서 '0'으로 변화시키는 것은 플립플롭 0의 출력값의 변화이다. Q_0에 어떤 변화가 일어날 때 Q_1의 값이 변화하는가?

〈실습자 준비물〉

(1) 데이터 시트: 74LS76 Dual JK 플립플롭

〈실 험〉

(1) 다음 [그림 13.2]의 회로를 구성하시오.

- 비동기 프리셋 입력단자는 모두 '1'로 고정한다.
- 비동기 리셋 입력단자에 순간적으로 '0'을 가한 후 '1'로 고정하여 카운터의 출력 $Q_2 Q_1 Q_0$=000이 되도록 한다.

- 클럭 입력단자에 입력 클럭 펄스를 가하여 카운터가 증가하는 것을 확인한 후, 각 플립플롭의 출력파형을 클럭 펄스 파형을 기준으로 다음 [그림 13.3]에 그려 넣으시오.(입력 클럭 펄스는 채터링이 없는 스위치를 이용하거나 함수 발생기로부터 낮은 주파수의 구형파를 생성해서 사용한다.)

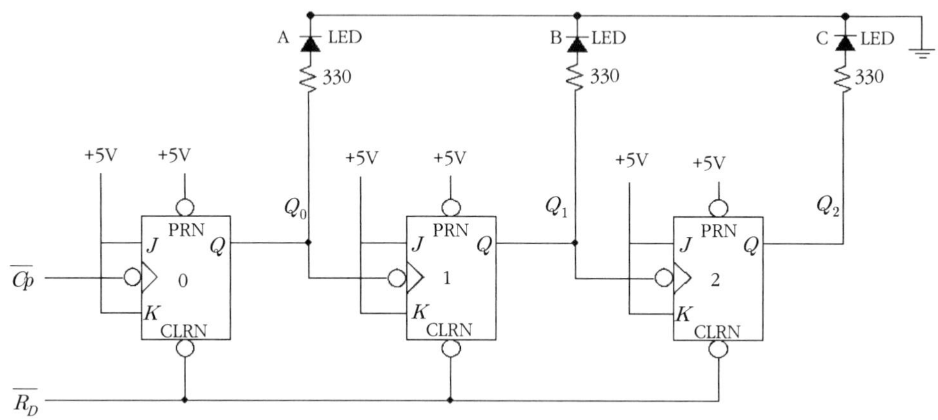

[그림 13.2] 3비트 2진 비동기 업 카운터

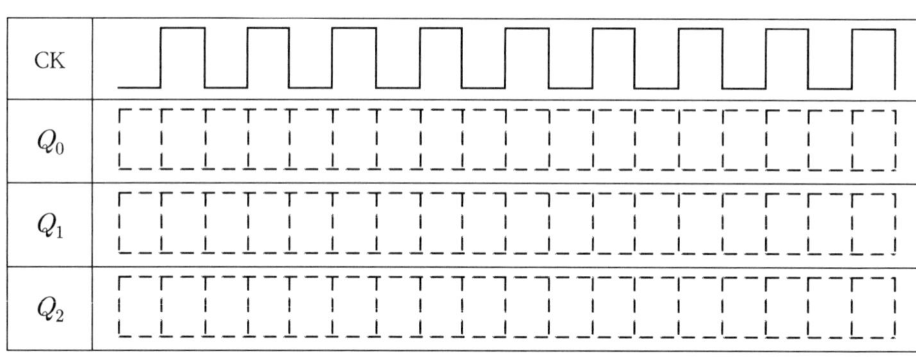

[그림 13.3] 비동기 업 카운터의 출력파형

(2) 실험(1)의 회로는 업 카운터임을 알았다. 회로를 변경하지 않고 다운 카운터로 사용하려면 어떻게 하면 되는가?

13-2 3비트 2진 비동기 다운 카운터

3비트 2진 비동기 업 카운터는 입력 클럭이 계속 가해지면 $Q_2 Q_1 Q_0$=000에서, 001, 010, ..., 111, 000, 001, ... 으로 순환되는 반면에 [그림 13.4]에 보인 다운 카운터는 〈표 13.2〉에서 보듯이 $Q_2 Q_1 Q_0$=111에서, 110, 101, ..., 000, 111, 110, ... 으로 반대로 순환된다.

플립플롭 0의 출력단자는 〈표 13.2〉에 보인 것처럼, 입력 클럭의 하강 모서리('1'에서 '0'으로 변하는 순간)에 동기되어 '0'과 '1'을 교대로 갖는다. 〈표 13.2〉에서 보듯이 플립플롭 0의 출력값의 상승 모서리에서 플립플롭 1의 출력값이 반전 되어야 카운트 다운으로 동작한다.

그래서 Q_0가 Q_1의 클럭 입력으로 사용될 수가 없다. 왜냐하면, Q_1은 하강 모서리에 반전되는 플립플롭이기 때문이다. 따라서, $\overline{Q_0}$를 플립플롭 1의 클럭 입력단자에 연결하면 이 문제가 해결된다.

$\overline{Q_0}$의 출력단자에 나타나는 출력값은 클럭 펄스 형태를 이루는데, 이 펄스의 하강 모서리에서 플립플롭 1의 출력값이 반전되기 때문에 카운트 다운 동작을 하게 되는 것이다. 마찬가지로 $\overline{Q_1}$이 플립플롭 2의 클럭 입력단자에 연결되어 동작하는 것도 같은 원리이다.

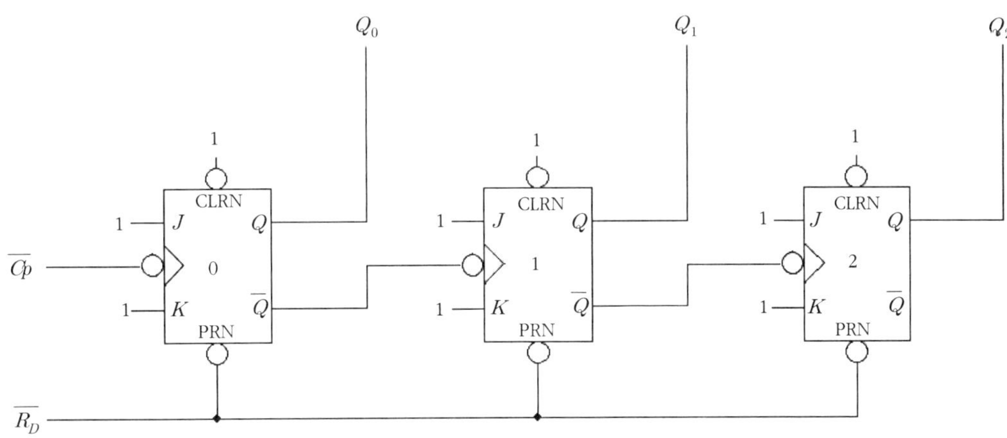

[그림 13.4] 3비트 2진 비동기 다운 카운터

〈표 13.2〉 3비트 2진 다운 카운터의 출력값

<table>
<tr><th>카운트 방향</th><th>Q_2</th><th>Q_1</th><th>Q_0</th><th>CK</th></tr>
<tr><td rowspan="16">↑</td><td rowspan="2">0</td><td rowspan="2">0</td><td rowspan="2">0</td><td>1</td></tr>
<tr><td>0</td></tr>
<tr><td rowspan="2">0</td><td rowspan="2">0</td><td rowspan="2">1</td><td>1</td></tr>
<tr><td>0</td></tr>
<tr><td rowspan="2">0</td><td rowspan="2">1</td><td rowspan="2">0</td><td>1</td></tr>
<tr><td>0</td></tr>
<tr><td rowspan="2">0</td><td rowspan="2">1</td><td rowspan="2">1</td><td>1</td></tr>
<tr><td>0</td></tr>
<tr><td rowspan="2">1</td><td rowspan="2">0</td><td rowspan="2">0</td><td>1</td></tr>
<tr><td>0</td></tr>
<tr><td rowspan="2">1</td><td rowspan="2">0</td><td rowspan="2">1</td><td>1</td></tr>
<tr><td>0</td></tr>
<tr><td rowspan="2">1</td><td rowspan="2">1</td><td rowspan="2">0</td><td>1</td></tr>
<tr><td>0</td></tr>
<tr><td rowspan="2">1</td><td rowspan="2">1</td><td rowspan="2">1</td><td>1</td></tr>
<tr><td>0</td></tr>
</table>

예습문제

(1) 3비트 2진 다운 카운터의 현제 출력값이 000이다. 입력 클럭 펄스가 하나 더 들어오면 출력값은 어떻게 되는가?

〈실습자 준비물〉

(1) 데이터 시트: 74LS76 Dual JK 플립플롭

〈실 험〉

(1) 다음 [그림 13.5]의 회로를 구성하시오.

- 비동기 리셋 입력단자는 모두 '1'로 고정한다.
- 비동기 프리셋 입력단자에 순간적으로 '0'을 가한 후 '1'로 고정하여 카운터의 출력 $Q_2Q_1Q_0$=111이 되도록 한다.
- 클럭 입력단자에 입력 클럭 펄스를 가하여 카운터가 감소하는 것을 확인한 후, 각 플립플롭의 출력파형을 클럭 펄스 파형을 기준으로 다음 [그림 13.6]에 그려 넣으시오. (입력 클럭 펄스는 채터링이 없는 스위치를 이용하거나 함수 발생기로부터 낮은 주파수의 구형파를 생성해서 사용한다.)

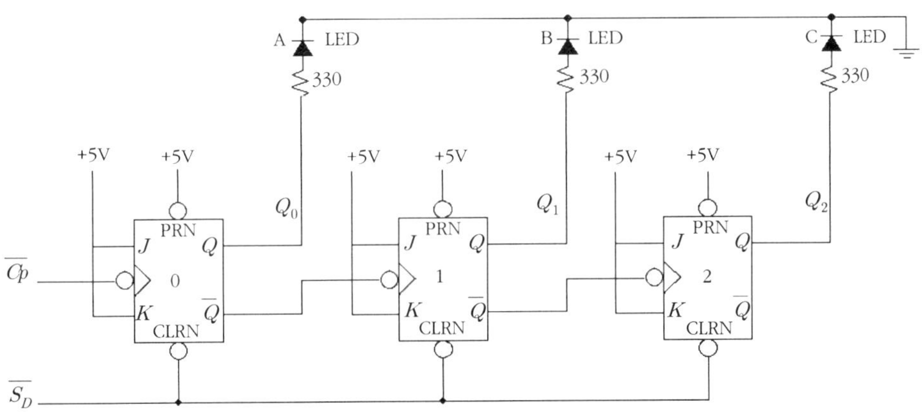

[그림 13.5] 3비트 2진 비동기 다운 카운터

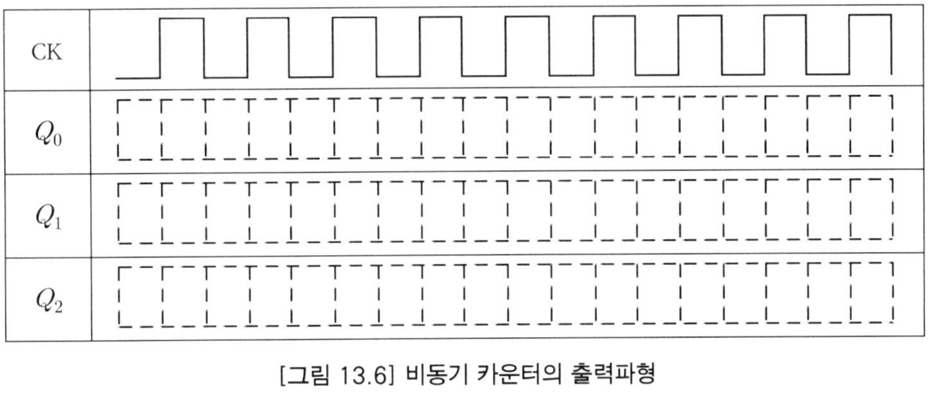

[그림 13.6] 비동기 카운터의 출력파형

(2) 실험(1)의 회로는 다운 카운터임을 알았다. 회로를 변경하지 않고 업 카운터로 사용하려면 어떻게 하면 되는가?

제14장

동기 카운터

14-1 3비트 2진 동기 업 카운터

14-2 동기 업/다운 카운터 IC

14-1 3비트 2진 동기 업 카운터

카운터는 입력 펄스의 갯수를 세는 역할을 한다. 3비트 2진 동기 업 카운터는 [그림 14.1]에 보인 것처럼 3개의 플립플롭으로 구성된다. 플립플롭 0의 입력 *J*, *K*가 각각 '1', '1'로 고정되어 있으므로 클럭 입력단자에 클럭의 하강 모서리가 가해지면 플립플롭 0의 출력값이 반전된다.

플립플롭 1은 입력 *J*, *K*가 플립플롭 0의 출력 *Q*에 연결되어 있으므로 플립플롭 0의 *Q*값이 1일 때 클럭 입력단자에 클럭의 하강 모서리가 가해지면 출력값이 반전된다. 플립플롭 2는 입력 *J*, *K*가 플립플롭 0의 출력 *Q*와 플립플롭 1의 출력 *Q*의 AND 연산의 결과에 연결되어 있으므로 플립플롭 0의 *Q*값과 플립플롭 1의 *Q*값이 동시에 1일 때 클럭 입력단자에 클럭의 하강 모서리가 가해지면 출력값이 반전된다.

여기서 동기라 함은 각 플립플롭의 클럭 입력단자가 하나의 입력 클럭에 의해 동시에 구동된다는 것을 의미한다. 플립플롭 0, 1, 2의 클럭 입력단자가 함께 연결되어 입력 클럭에 직접 연결되어 있는 것을 [그림 14.1]에서 볼 수 있다. 따라서 비동기 카운터의 경우처럼 카운터의 비트수가 증가할수록 클럭 펄스가 누적 지연되어 발생하는 문제는 동기 카운터에서는 발생하지 않는다.

3비트 2진 동기 업 카운터는 입력 클럭이 계속 가해지면 $Q_2 Q_1 Q_0$=000에서 001, 010, ..., 111, 000, 001, ... 으로 순환된다. 플립플롭 0의 출력단자 Q_0는 〈표 14.1〉에 보인 것처럼, 입력 클럭의 하강 모서리('1'에서 '0'으로 변하는 순간)에 동기되어 '0'과 '1'을 교대로 갖는다.

플립플롭 1의 출력단자 Q_1는 〈표 14.1〉에 보인 것처럼, Q_0=1일 때 입력 클럭의 하강 모서리('1'에서 '0'으로 변하는 순간)에 동기되어 '0'과 '1'을 교대로 갖는다. 플립플롭 2의 출력단자 Q_2는 〈표 14.1〉에 보인 것처럼, Q_0=1이고 Q_1=1일 때 입력 클럭의 하강 모서리('1'에서 '0'으로 변하는 순간)에 동기되어 '0'과 '1'을 교대로 갖는다.

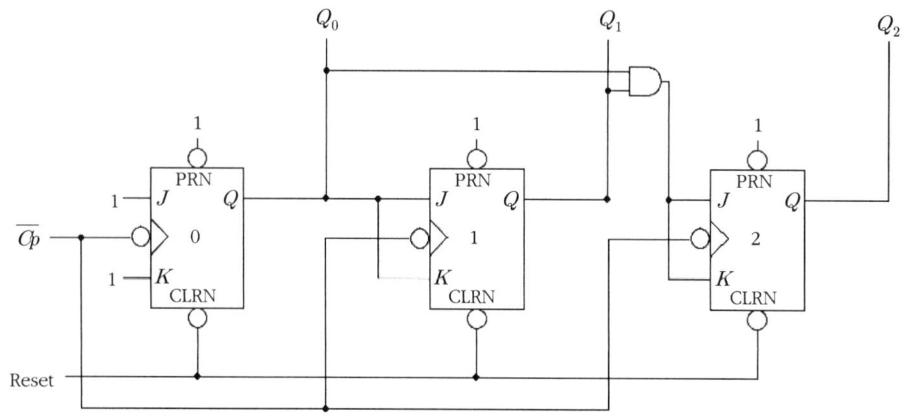

[그림 14.1] 3비트 2진 동기 업 카운터

〈표 14.1〉 3비트 2진 업 카운터의 출력값

카운트 방향	Q_2	Q_1	Q_0	CK
	0	0	0	0
				1
	0	0	1	0
				1
	0	1	0	0
				1
↓	0	1	1	0
				1
	1	0	0	0
				1
	1	0	1	0
				1
	1	1	0	0
				1
	1	1	1	0
				1

예습문제

(1) 동기 카운터에서 동기라는 단어가 의미하는 것은?

(2) MOD-16 동기 업 카운터를 구성하는 데 필요로 하는 JK 플립플롭의 갯수는 몇 개인가?

(3) 4비트 2진 동기 업 카운터를 구성하는 JK 플립플롭들 중에 최상위 비트용 플립플롭의 입력 신호선 J, K에는 어떤 값이 인가되도록 회로를 구성해야 하는가?

〈실습자 준비물〉

(1) 데이터 시트 : 7408 2-입력 AND 게이트, 74LS76 Dual JK 플립플롭

〈실 험〉

(1) 다음 [그림 14.2]의 회로를 구성하시오.

- 비동기 프리셋 입력단자는 모두 '1'로 고정한다.
- 비동기 리셋 입력단자에 순간적으로 '0'을 가한 후 '1'로 고정하여 카운터의 출력 $Q_2\,Q_1\,Q_0$=000이 되도록 한다.
- 클럭 입력단자에 입력 클럭 펄스를 가하여 카운터가 증가하는 것을 확인한 후, 각 플립플롭의 출력파형을 클럭 펄스 파형을 기준으로 다음 [그림 14.3]에 그려 넣으시오. (입력 클럭 펄스는 채터링이 없는 스위치를 이용하거나 함수발생기로부터 낮은 주파수의 구형파를 생성해서 사용한다.)

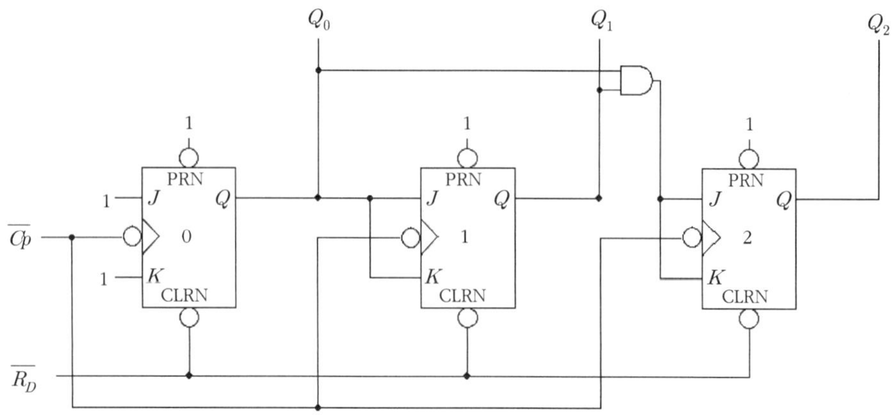

[그림 14.2] 3비트 2진 동기 업 카운터

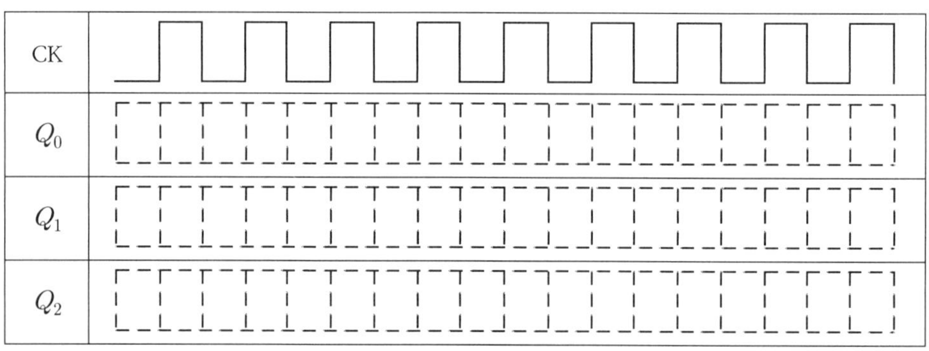

[그림 14.3] 동기 업 카운터의 출력파형

(2) 실험(1)의 회로는 업 카운터임을 알았다. 회로를 변경하지 않고 다운 카운터로 사용하려면 어떻게 하면 되는가?

(3) 플립플롭 2의 출력 Q_2의 주파수는 클럭 펄스(CK)의 주파수의 몇 배인가?

14-2 동기 업/다운 카운터 IC

4비트 2진 동기 업/다운 카운터로 동작하는 74193을 [그림 14.4]에 보였다.

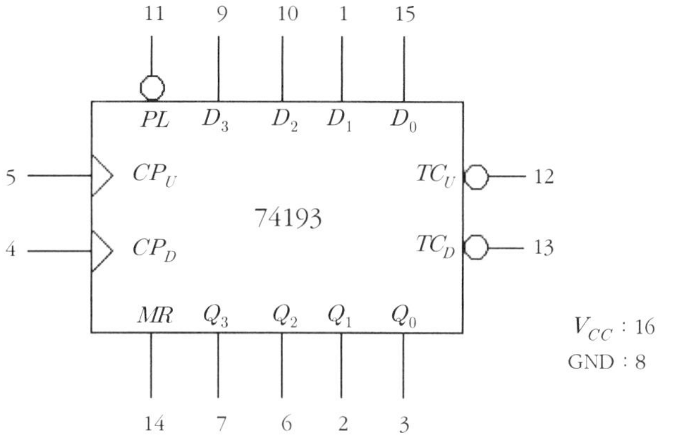

[그림 14.4] 74193의 심볼

마스터 리셋(MR)은 출력 $Q_3Q_2Q_1Q_0 = 0000$으로 리셋시키는 Active High 입력 단자로 클럭 펄스에 동기되지 않는 비동기 단자이다. 병렬 적재 단자($\overline{PL}$)는 병렬 데이터 입력(D_3에서 D_0)에 준비된 2진 값을 출력 $Q_3Q_2Q_1Q_0$에 적재하는 데 사용된다. 이 단자는 마스터 리셋과 같이 비동기 단자이나 Active Low 입력단자이다. 병렬 적재($\overline{PL}$) 단자는 카운터의 초기값을 설정하는 데 활용된다.

74193을 업 카운터로 사용하려면 CP_D는 High로 고정하고 CP_U에 클럭 펄스를 인가하면 된다. 클럭 펄스의 상승 에지에 동기되어 출력 $Q_3Q_2Q_1Q_0$가 1씩 증가 되며, 출력 $Q_3Q_2Q_1Q_0$가 1111이 되면 다음 클럭 펄스에 0000으로 되돌아간다. 업 카운터용 종료 카운터 단자($\overline{TC_U}$)는 클럭 펄스의 상승 에지에 동기되어 출력 $Q_3Q_2Q_1Q_0$= 1111이 된 후 그 클럭 펄스의 Low 구간 동안만 Low값을 갖는다.

74193을 다운 카운터로 사용 하려면 CP_U는 High로 고정하고 CP_D에 클럭 펄스를 인가하면 된다. 클럭 펄스의 상승 에지에 동기되어 출력 $Q_3Q_2Q_1Q_0$가 1씩 감소되며, 출력 $Q_3Q_2Q_1Q_0$가 0000이 되면 다음 클럭 펄스에 1111로 되돌아간다. 다운 카운터용 종료 카운터 단자($\overline{TC_D}$)는 클럭 펄스의 상승 에지에 동기되어 출력 $Q_3Q_2Q_1Q_0$= 0000이 된 후 그 클럭 펄스의 Low구간 동안만 Low 값을 갖는다.

예습문제

(1) 74193 IC칩 2개를 연결하여 8비트 2진 동기 업 카운터를 구현하려고 한다. 상위 4비트용 칩의 클럭 펄스 단자(CP_U)에 연결되어야 하는 하위 4비트용 칩의 단자 이름은?

(2) 74192 IC칩 과 74193 IC칩의 기능적인 차이는 무엇인가?

〈실습자 준비물〉

(1) 데이터 시트: 74193 4비트 2진 동기 업/다운 카운터

〈실 험〉

(1) 다음 [그림 14.5]의 회로를 구성하시오.

- 클럭 입력단자에 입력 클럭 펄스를 가하여 카운터가 카운트 하는 2진수의 시퀀스를 실험적으로 확인한 후 결과를 쓰시오. (입력 클럭 펄스는 채터링이 없는 스위치를 이용하거나 함수발생기로부터 낮은 주파수의 구형파를 생성하여 사용하시오.)

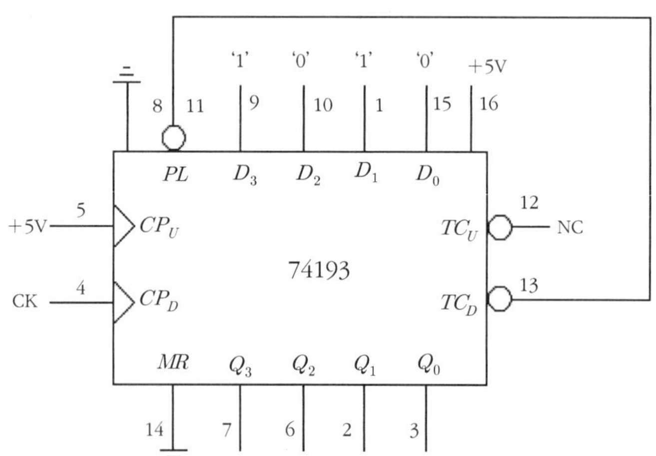

[그림 14.5] 74193을 이용한 카운터

(2) [그림 14.5]의 TC_D 단자의 역할은 무엇인가?

제15장

시프트 레지스터

15-1 병렬-직렬 변환 시프트 레지스터

15-1 병렬-직렬 변환 시프트 레지스터

2 진수 4비트를 병렬입력을 받아 직렬출력을 만들어 내는 시프트 레지스터(shift register)를 [그림 15.1]에 보였다.

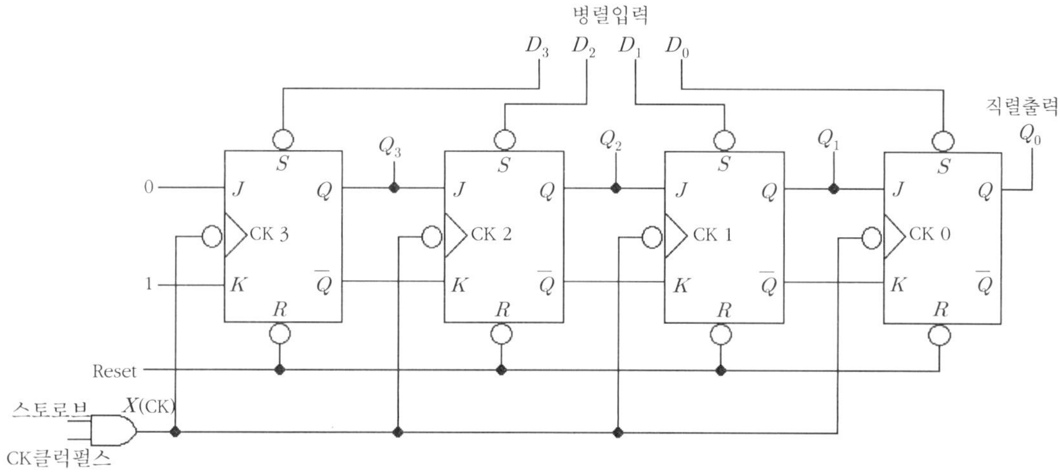

[그림 15.1] 4비트 병렬-직렬 변환 시프트 레지스터

[그림 15.1]의 *JK*플립플롭의 프리셋 단자(*S*)와 리셋 단자(*R*)는 클럭 펄스에 영향을 받지 않는 비동기 Active Low 입력단자이므로 프리셋 또는 리셋 동작을 하려면 값을 Low로 설정한다. Low로 설정된 플립플롭은 프리셋 또는 리셋된다. 두 단자에 동시에 Low를 인가하면 상호 모순이므로 두 단자에 동시에 Low를 인가하면 안된다.

클럭 펄스의 하강 모서리에 동기되어 움직이도록 하려면 프리셋 단자와 리셋 단자는 모두 High로 고정한다. [그림 15.1]의 시프트 레지스터는 4 비트로 구성되어 있으므로 4개의 클럭 펄스가 가해지면 $Q_3\,Q_2\,Q_1\,Q_0$에 저장되어 있던 값들은 모두 직렬출력으로 빠져나간다. 4비트 데이터를 병렬입력으로 받아들여 직렬 데이터로 변환하려면 다음과 같이 제어하면 되고, [그림 15.2]에 타이밍 다이어그램을 보였다.

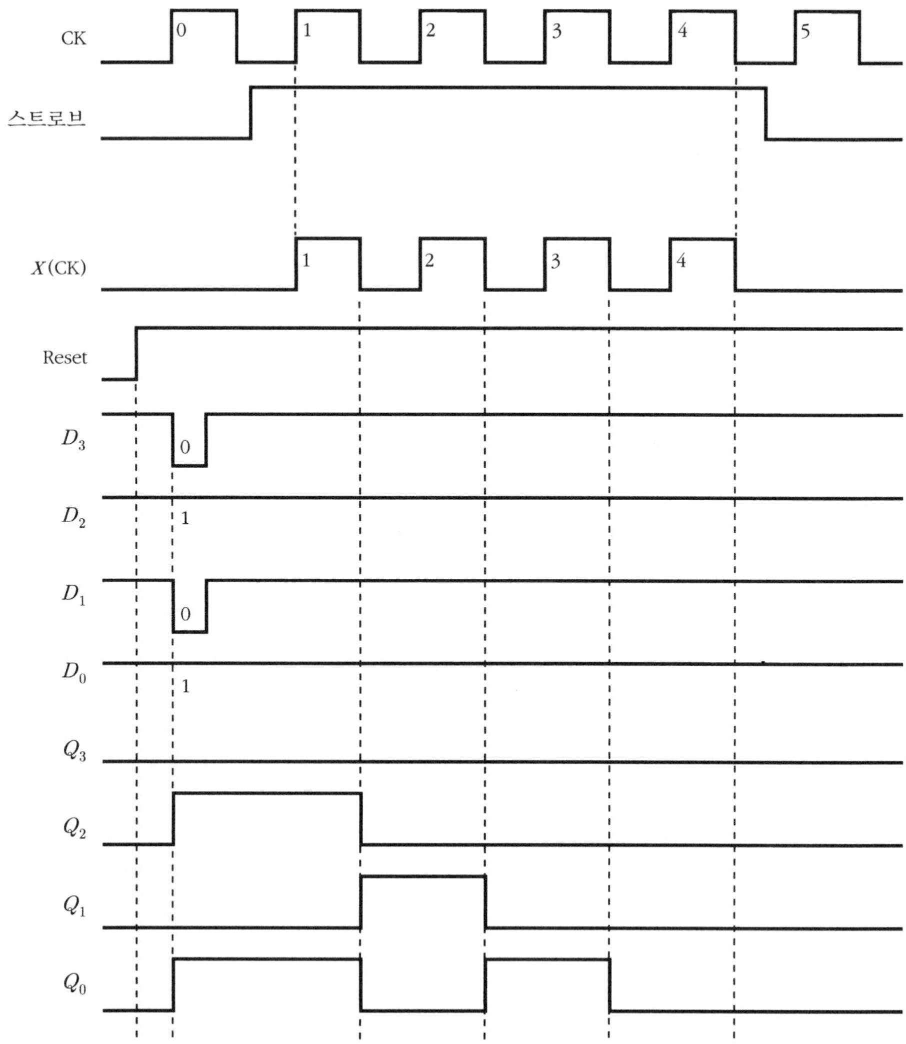

[그림 15.2] 4비트 병렬-직렬 변환 시프트 레지스터 타이밍도

① 스트로브 값을 '0'으로 설정한다.
클럭 펄스가 *JK* 플립플롭들에 전달되지 않으므로, *JK* 플립플롭들은 이전 값 그대로 유지한다.

② 병렬 입력단자 $D_3 D_2 D_1 D_0$의 값을 '1111'로 유지한 상태에서 Reset 단자에 '0'을 잠시 인가한 수 '1'로 고정한다. 모든 *JK* 플립플롭이 '0000'으로 리셋된다.

③ 병렬 입력단자 $D_3 D_2 D_1 D_0$에 설정하기를 원하는 4비트 2진수를 잠시 인가한

후 '1111'로 고정한다(여기서는 $D_3 D_2 D_1 D_0$에 '0101'을 인가한다). 그러면, $Q_3 Q_2 Q_1 Q_0$가 '0101'로 설정되고, 프리셋과 리셋 단자가 모두 High로 고정되어 플립플롭은 클럭 펄스에 동기되어 움직이게 된다.

④ 스트로브 값을 '1'로 설정하면 클럭 펄스(CK)가 JK플립플롭들에게 공급되기 시작한다. 4개의 하강 모서리가 발생할 수 있는 기간 동안만 스트로브 값을 '1'로 유지한다. 병렬 로드된 4비트 2진수 '0101'이 4번의 우시프트에 의해 직렬출력 Q_0를 통해 모두 직렬로 빠져나가는 것을 파형에서 볼 수 있다.

예습문제

(1) [그림 15.1]의 4비트 병렬-직렬 변환 시프트 레지스터에서 스트로브 값이 '1'인 상태에서 2개의 클럭 펄스가 가해진 후의 $Q_3 Q_2 Q_1 Q_0$의 값은 무엇인가?

(2) [그림 15.1]의 4비트 병렬-직렬 변환 시프트 레지스터에서 스트로브 값이 '1'인 상태에서 4개의 클럭 펄스가 가해진 후의 $Q_3 Q_2 Q_1 Q_0$의 값은 무엇인가?
그리고 그와 같은 값을 갖는 이유를 쓰시오.

〈실습자 준비물〉

(1) 데이터 시트: 7408 2입력 AND 게이트, 74LS76 Dual JK 플립플롭, 74194 4-비트 양방향성 범용 시프트 레지스터

〈실 험〉

(1) 다음 [그림 15.3]의 회로를 구성하시오.
- 앞에서 설명된 4비트 병렬-직렬 변환 시프트 레지스터의 제어방법(①~④)을 적용

하여 8비트의 병렬 데이터 '01011101'을 두 번에 걸쳐 직렬변환하는 실험을 수행하시오.

- 하위 니블(4비트)을 먼저 변환하고 실험결과는 그림 형식의 타이밍도로 정리하시오.

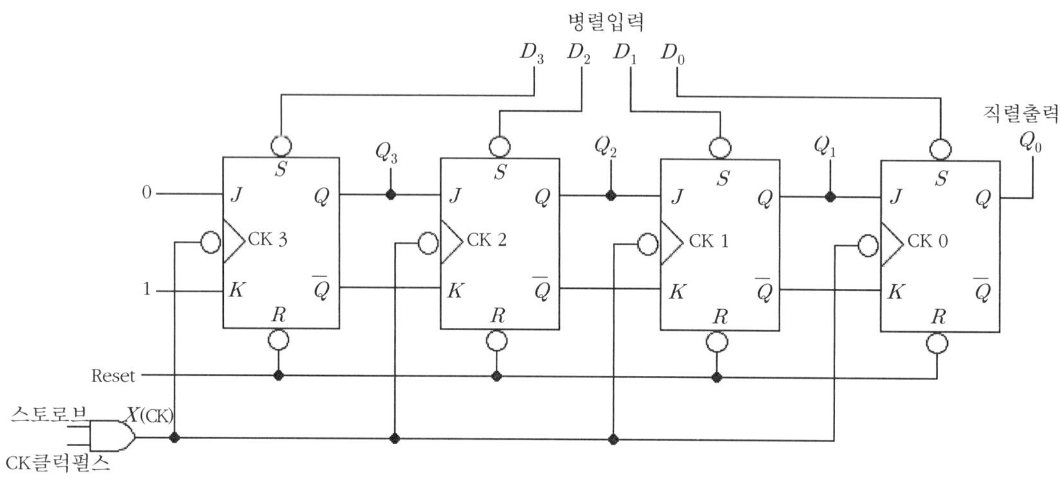

[그림 15.3] 4비트 병렬-직렬 변환 시프트 레지스터

(2) 4비트 양방향성 범용 시프트 레지스터 IC칩 74194의 블록도를 [그림 15.4]에 보였다. 칩에 전원을 연결하여 동작할 수 있도록 한 수 아래에 주어진 과정에 따라서 실험을 수행하시오.

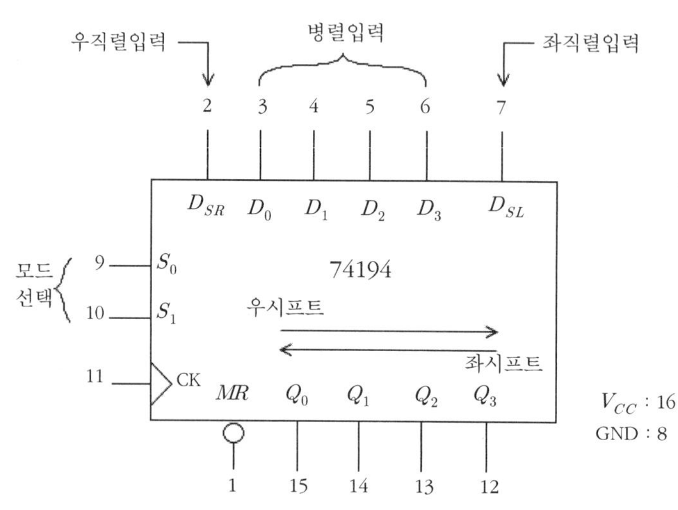

[그림 15.4] 74194 블록도

① 클럭 입력단자(CK)에 High와 Low 사이를 전환할 수 있는 채터링이 없는 스위치를 연결하여 클럭 펄스 발생기로 사용한다. 마스터 리셋 단자(MR)에 잠시동안 Low을 가한 후 High로 고정한다.
4비트 출력 $Q_0\,Q_1\,Q_2\,Q_3$의 현재의 논리값을 측정하여 기록하시오.

$Q_0\,Q_1\,Q_2\,Q_3$ = ______________________________

② 실험 ①을 마친 상태에서 병렬입력 $D_0\,D_1\,D_2\,D_3$에 '1010'을 인가한다. S_0와 S_1을 모두 High로 설정한다.
4비트 출력 $Q_0\,Q_1\,Q_2\,Q_3$의 현재의 논리값을 측정하여 기록하시오.

$Q_0\,Q_1\,Q_2\,Q_3$ = ______________________________

클럽 입력단자(CK)에 연결된 채터링 없는 스위치를 이용(이하 클럭 펄스용 스위치라 한다)하여 1개의 클럭 펄스를 인가한다. 1개의 클럭 펄스는 클럭 펄스용 스위치를 초기에 Low 상태에서 High를 거쳐 Low값을 갖도록 움직임으로써 만들어진다.
4비트 출력 $Q_0\,Q_1\,Q_2\,Q_3$의 현재의 논리값을 측정하여 기록하시오.

$Q_0\,Q_1\,Q_2\,Q_3$ = ______________________________

③ 실험 ②를 마친 상태에서 S_0는 High로, S_1은 Low로 설정한다. D_{SR}은 Low로 설정한다. 클럭 펄스용 스위치를 이용하여 1개의 클럭 펄스를 인가한다.
4비트 출력 $Q_0\,Q_1\,Q_2\,Q_3$의 현재의 논리값을 측정하여 기록하시오.

$Q_0\,Q_1\,Q_2\,Q_3$ = ______________________________

클럭 펄스용 스위치를 이용하여 다시 1개의 펄스를 인가한다.
4비트 출력 $Q_0\,Q_1\,Q_2\,Q_3$의 현재의 논리값을 측정하여 기록하시오.

$Q_0\,Q_1\,Q_2\,Q_3$ = ______________________________

클럭 펄스용 스위치를 이용하여 다시 1개의 펄스를 인가한다.

4비트 출력 $Q_0 Q_1 Q_2 Q_3$의 현재의 논리값을 측정하여 기록하시오.

$Q_0 Q_1 Q_2 Q_3$ = ______________________________

클럭 펄스용 스위치를 이용하여 다시 1개의 펄스를 인가한다.
4비트 출력 $Q_0 Q_1 Q_2 Q_3$의 현재의 논리값을 측정하여 기록하시오.

$Q_0 Q_1 Q_2 Q_3$ = ______________________________

④ 실험 ③을 마친 상태에서 S_0는 Low, S_1은 High로 설정한다. D_{SL}은 High로 설정한다.
클럭 펄스용 스위치를 이용하여 1개의 클럭 펄스를 인가한다.
4비트 출력 $Q_0 Q_1 Q_2 Q_3$ 3의 현재의 논리값을 측정하여 기록하시오.

$Q_0 Q_1 Q_2 Q_3$ = ______________________________

클럭 펄스용 스위치를 이용하여 다시 1개의 클럭 펄스를 인가한다.
4비트 출력 $Q_0 Q_1 Q_2 Q_3$의 현재의 논리값을 측정하여 기록하시오.

$Q_0 Q_1 Q_2 Q_3$ = ______________________________

⑤ 실험 ④를 마친 상태에서 S_0와 S_1을 모두 Low로 설정한다.
클럭 펄스용 스위치를 이용하여 1개의 클럭 펄스를 인가한다.
4비트 출력 $Q_0 Q_1 Q_2 Q_3$의 현재의 논리값을 측정하여 기록하시오.

$Q_0 Q_1 Q_2 Q_3$ = ______________________________

클럭 펄스용 스위치를 이용하여 다시 1개의 클럭 펄스를 인가한다.
4비트 출력 $Q_0 Q_1 Q_2 Q_3$의 현재의 논리값을 측정하여 기록하시오.

$Q_0 Q_1 Q_2 Q_3$ = ________________________________

실험 ①~⑤까지 결과를 간략히 〈표 15.1〉에 정리하였다. 빈 칸을 채워 넣으시오.

〈표 15.1〉 종합 점검표

	동작 모드		클럭 펄스	MR	설명
	S_0	S_1			
실험 ①	X	X	X	L	마스터 리셋
실험 ②	H	H			
실험 ③	H	L	↑		
실험 ④	L	H			
실험 ⑤	L	L			

H : High L : Low X : don't care ↑ : 상승 모서리

(3) 다음 [그림 15.5]의 회로를 구성하시오.

다음에 주어진 과정을 따라서 실험을 수행하시오.

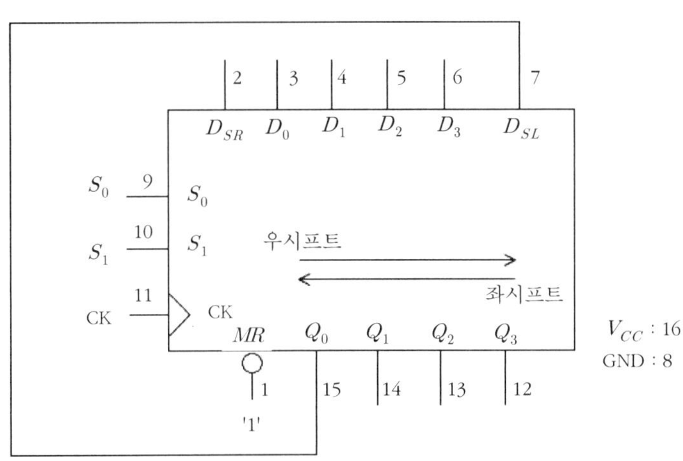

[그림 15.5] 순환 좌시프트 레지스터(링 카운터)

클럭 입력단자(CK)에 High와 Low 사이를 전환할 수 있는 채터링 없는 스위치를 연결하여 클럭펄스 발생기로 사용한다.

① 마스터 리셋 단자(MR)는 High로 고정한다. 병렬입력 $D_0 D_1 D_2 D_3$에 '0001'을 인가한다. S_0와 S_1을 모두 High로 설정한다.
클럭 입력단자(CK)에 클럭 펄스용 스위치를 이용하여 1개의 클럭 펄스를 인가한다.
4비트 출력 $Q_0 Q_1 Q_2 Q_3$의 현재의 논리값을 측정하여 기록하시오.

$Q_0 Q_1 Q_2 Q_3$ = ______________________________

② 실험 ①을 마친 상태에서 S_0는 Low로 S_1은 High로 설정한다(좌 시프트 모드).
클럭 펄스용 스위치를 이용하여 1개의 클럭 펄스를 인가한다.
4비트 출력 $Q_0 Q_1 Q_2 Q_3$의 현재의 논리값을 측정하여 기록하시오.

$Q_0 Q_1 Q_2 Q_3$ = ______________________________

③ 클럭 펄스용 스위치를 이용하여 다시 1개의 클럭 펄스를 인가한다.
4비트 출력 $Q_0 Q_1 Q_2 Q_3$의 현재의 논리값을 측정하여 기록하시오.

$Q_0 Q_1 Q_2 Q_3$ = ______________________________

④ 클럭 펄스용 스위치를 이용하여 다시 1개의 클럭 펄스를 인가한다.
4비트 출력 $Q_0 Q_1 Q_2 Q_3$의 현재의 논리값을 측정하여 기록하시오.

$Q_0 Q_1 Q_2 Q_3$ = ______________________________

⑤ 클럭 펄스용 스위치를 이용하여 다시 1개의 클럭 펄스를 인가한다.
4비트 출력 $Q_0 Q_1 Q_2 Q_3$의 현재의 논리값을 측정하여 기록하시오.

$Q_0 Q_1 Q_2 Q_3$ = ______________________________

실험 ①~⑤를 관찰하면 시프트 레지스터가 '0001'로 초기화된 후 좌시프트에 의해 재순환되고 있음을 알 수 있다. 데이터 '0001'이 순환되어 원래의 자리에 위치하는 데 몇 개의 클럭이 필요한가? __________

(4) 실험(3)에서 사용한 회로(그림 15.5)에 NOT 게이트를 추가하여 [그림 15.6]과 같이 회로를 구성한다.

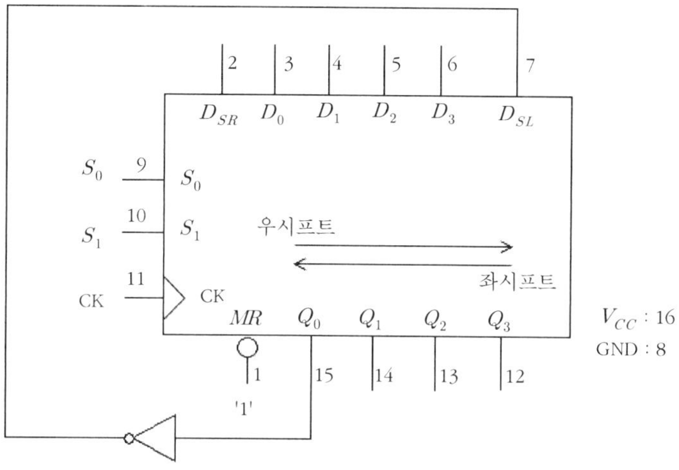

[그림 15.6] 꼬리 바꿈 링 카운터

클럽 입력단자(CK)에 High와 Low 사이를 전환할 수 있는 채터링 없는 스위치를 연결하여 클럭 펄스 발생기로 사용한다.

① 마스터 리셋 단자(MR)는 High로 고정한다. 병렬입력 $D_0 D_1 D_2 D_3$에 '0001'을 인가한다. S_0와 S_1을 모두 High로 설정한다.
클럭 입력단자(CK)에 클럭 펄스용 스위치를 이용하여 1개의 클럭 펄스를 인가한다.
4비트 출력 $Q_0 Q_1 Q_2 Q_3$의 현재의 논리값을 측성하여 기록하시오.

$Q_0 Q_1 Q_2 Q_3$ = ______________________

② 실험 ①을 마친 상태에서 S_0는 Low로 S_1은 High로 설정한다(좌 시프트 모드).
클럭 펄스용 스위치를 이용하여 1개의 클럭 펄스를 인가한다.
4비트 출력 $Q_0 Q_1 Q_2 Q_3$의 현재의 논리값을 측정하여 기록하시오.

$Q_0 Q_1 Q_2 Q_3$ = ______________________

③ 클럭 펄스용 스위치를 이용하여 다시 1개의 클럭 펄스를 인가한다.
4비트 출력 $Q_0 Q_1 Q_2 Q_3$의 현재의 논리값을 측정하여 기록하시오.

$Q_0 Q_1 Q_2 Q_3$ = ______________________

④ 클럭 펄스용 스위치를 이용하여 다시 1개의 클럭 펄스를 인가한다.
4비트 출력 $Q_0 Q_1 Q_2 Q_3$의 현재의 논리값을 측정하여 기록하시오.

$Q_0 Q_1 Q_2 Q_3$ = ______________________________

⑤ 클럭 펄스용 스위치를 이용하여 다시 1개의 클럭 펄스를 인가한다.
4비트 출력 $Q_0 Q_1 Q_2 Q_3$의 현재의 논리값을 측정하여 기록하시오.

$Q_0 Q_1 Q_2 Q_3$ = ______________________________

⑥ 클럭 펄스용 스위치를 이용하여 다시 1개의 클럭 펄스를 인가한다.
4비트 출력 $Q_0 Q_1 Q_2 Q_3$의 현재의 논리값을 측정하여 기록하시오.

$Q_0 Q_1 Q_2 Q_3$ = ______________________________

⑦ 클럭 펄스용 스위치를 이용하여 다시 1개의 클럭 펄스를 인가한다.
4비트 출력 $Q_0 Q_1 Q_2 Q_3$의 현재의 논리값을 측정하여 기록하시오.

$Q_0 Q_1 Q_2 Q_3$ = ______________________________

⑧ 클럭 펄스용 스위치를 이용하여 다시 1개의 클럭 펄스를 인가한다.
4비트 출력 $Q_0 Q_1 Q_2 Q_3$의 현재의 논리값을 측정하여 기록하시오.

$Q_0 Q_1 Q_2 Q_3$ = ______________________________

⑨ 클럭 펄스용 스위치를 이용하여 다시 1개의 클럭 펄스를 인가한다.
4비트 출력 $Q_0 Q_1 Q_2 Q_3$의 현재의 논리값을 측정하여 기록하시오.

$Q_0 Q_1 Q_2 Q_3$ = ______________________________

실험 ①~⑨를 관찰하면 시프트 레지스터가 '0001'로 초기화된 후 좌시프트에 의해 재순환되고 있음을 알 수 있다. 데이터 '0001'이 순환되어 원래의 자리에 위치하는 데 몇 개의 클럭이 필요한가? ____________

저자약력

■ 이 순 흠

- 고려대학교 전자공학 박사
- (현) 순천향대학교 정보통신공학과 교수

■ 최 관 순

- 서강대학교 전자공학 박사
- (현) 순천향대학교 전기공학과 교수

논리회로실험

2024년 3월 10일 1판 5쇄 발행

저 자 이순흠 · 최관순

발행인 남 승 우

발행처 도서출판 상尙 학學 당堂

서울시 동작구 사당로9가길 6(사당동)

TEL : 02) 595-1692~4

FAX : 02) 595-1394

E-mail : shdbooks@naver.com

신고 : 2-155호 (1968. 11. 29)

정가 17,000원

ISBN 978-89-85437-79-0 93560

〈디자인〉 편집 엄해숙 / 표지 토틀컴